Los buenos virus

JOSÉ ANTONIO LÓPEZ GUERRERO

JAL

Los buenos virus

El lado viral de la evolución, de verdugos a salvadores

GUADALMAZÁN

Guadalmazán • Colección Divulgación Científica
Edición de Antonio Cuesta

www.editorialguadalmazan.com
guadalmazan@almuzaralibros.com

Talenbook, s.l.
C/ Cervantes, 26 · 28014 · Madrid

Imprime: Liberdúplex
ISBN: 978-84-19414-67-0
Depósito Legal: M-12289-2025
Hecho e impreso en España - *Made and printed in Spain*

Los virus no siempre son malas noticias
envueltas en proteína.

Índice

Los buenos virus (JAL)

Si estás leyendo este prólogo es muy probable que, de forma muy cargada de emociones, asocies la palabra virus con otras como pandemia, vacuna, distancia social y aislamiento (a no ser que seas un prodigio de la lectura a los cuatro años). Un virus, poco más que un conjunto de moléculas sin vida propia, puso recientemente a la humanidad contra las cuerdas y su efecto devastador será parte de nuestra memoria colectiva por mucho tiempo. Sus secuelas, físicas y psicológicas, están aún muy presentes en nuestras vidas y sus repercusiones a largo plazo son difíciles de calcular. La pandemia de la COVID-19 no es la única o la más dañina de la historia de la humanidad, pero si la más reciente y la que hemos abordado con más conocimiento y recursos técnicos. Y dada la cobertura mediática, minuto a minuto, hemos tenido virus hasta en la sopa (de forma absolutamente literal).

Es fácil ver a los virus, colectivamente, como agentes malignos con la determinación de acabar con nosotros. Lo cierto es que los virus no tienen otra intención, si es que tuvieran «intención», que la de seguir existiendo. Han evolucionado a nuestro lado desde que la humanidad puede llamarse tal, existían mucho antes de que los seres humanos aparecieran en la tierra y existirán mucho después de que nosotros nos extingamos, o si le damos la razón a Elon Musk, nos hayamos mudado a otro planeta (yo esto no lo veré, pues me acerco vertiginosamente a los sesenta, pero quien sabe si el joven prodigio...).

Lo queramos o no, los virus son fascinantes en su compleja simplicidad, su eficiencia y, sobre todo, su capacidad de evolucionar incesantemente. Y si has comprado, pedido prestado, o sacado de una biblioteca este libro (espero que no lo hayas robado), y estás leyendo este prologo (aún), es porque sientes esa fascinación y quieres saber más de ellos. En particular, ¿por qué habrías de querer «poner un virus en tu vida», como te propone JAL, virólogo *extraordinaire* y excepcional divulgador científico? Deja que JAL te convenza o al menos te eduque de forma divertida. Hay un yin y un yan viral, y nosotros, que podemos parecer una plaga a otros seres vivos en el planeta azul que habitamos, tenemos la capacidad de darle la vuelta a la tortilla y hacer de los virus nuestros aliados a través de su conocimiento. Esto es lo que JAL se ha propuesto explicarte en su última creación divulgativa.

En este libro, estableciendo una conversación que informa y entretiene, JAL se dirige directamente a su lector, a ti, con un lenguaje claro, sazonado con historia y curiosidades. La voz de JAL —pareces oírle literalmente— te engancha al fascinante mundo de los virus con una mezcla adictiva de erudición e ingenio. Su relato te propone mirar estos organismos con una nueva lente, no solo como enemigos de nuestra salud, sino como actores fascinantes en la historia cambiante de la evolución, y como valiosísimas herramientas biotecnológicas. Cuando termines este libro, no solo habrás aprendido mucho sobre virus, sino que además te parecerá increíble poder haber reído tanto mientras lo hacías.

Eva Nogales

Catedrática de bioquímica, biofísica y biología estructural en la Universidad de California, Berkeley, investigadora del Instituto médico Howard Hughes y miembro externo de la Real Academia de Ciencias Exactas, Físicas y Naturales de España. Ganadora del prestigioso Premio Shaw, también conocido como el Nobel Oriental.

INTRODUCCIÓN: UNA MIRADA RENOVADA A LOS VIRUS

Mi fascinación inicial no era por los virus, sino por los coleópteros: aquellos escarabajos elegantes y robustos que estudiaba con pasión durante mi adolescencia, desde el imponente ciervo volador hasta la adorable mariquita. Observarlos en los campos de Extremadura, cerca del pueblo de mi abuela en Esparragalejo, constituía un auténtico placer. Si tanto disfrutaba con la entomología, ¿cómo terminé dedicándome a la virología?

Una serie de circunstancias fortuitas a principios de 1983 —lo que en ciencia denominamos serendipia— me condujo a obtener una pequeña beca en el Centro de Biología Molecular. Lo que comenzó como una experiencia transitoria investigando infecciones virales en células inmunocompetentes se transformó en mi trayectoria profesional definitiva. Este camino científico, con sus múltiples ramificaciones, ha quedado parcialmente reflejado en mi anterior obra, *Virus, chicas y laboratorios*, donde abordé tanto aspectos científicos como personales de mi carrera, incluyendo mi etapa postdoctoral en Alemania.

Actualmente dirijo el grupo de Neurovirología en el Departamento de Biología Molecular de la Universidad Autónoma de Madrid, vinculado al Centro de Biología Molecular Severo Ochoa —denominado así desde el fallecimiento del Nobel español en 1993, con quien tuve la fortuna de coincidir en sus últimos años—.

Cuando pensamos en virus, solemos evocar imágenes de enfermedades, hospitales saturados y pandemias. Como expresaron Jean y Peter Medawar: «Un virus es simplemente un pedazo de malas noticias envuelto en proteína». Sin embargo, esta percepción resulta profundamente reduccionista. Si bien los virus que más nos preocupan son aquellos que afectan directamente a nuestra salud —como hemos comprobado durante los últimos cuatro años de pandemia—, representan una fracción mínima de la virosfera.

La inmensa mayoría de especies virales existe independientemente de nuestra presencia, habitando ecosistemas diversos, especialmente oceánicos, donde su interacción con bacterias influye incluso en ciclos biogeoquímicos globales. Los virus han actuado como motores evolutivos desde el origen de la vida terrestre —pudiendo incluso haber participado en sus inicios— y continúan siéndolo. Han sido tan determinantes que aproximadamente el 10 % de nuestro genoma tiene origen viral, con importantes implicaciones evolutivas y fisiológicas.

Un observador imparcial que estudiara los virus destacaría primordialmente su papel en la evolución biológica, la regulación ecosistémica y la modificación genómica de prácticamente todos los seres vivos, relegando a un plano secundario las enfermedades que nos preocupan. Además, el concepto tradicional de virus como entidades compuestas exclusivamente por ácido nucleico y proteínas resulta insuficiente: existen otros agentes infecciosos como viroides (ARN circular sin envoltura proteica) y priones (proteínas infecciosas) que amplían nuestra comprensión de la diversidad viral.

Los virus presentan dos estados fundamentales: el extracelular, donde no se consideran organismos vivos —pueden incluso cristalizarse— y el intracelular, donde despliegan todo su potencial biológico, secuestrando el metabolismo celular. Aunque persiste el debate sobre su origen evolutivo —si surgieron de células simplificadas, elementos genéticos móviles o moléculas primitivas de ARN autorreplicantes—, su importancia en la historia natural resulta incuestionable.

Tras haber dedicado varios libros a los aspectos patogénicos de los virus, considero necesario equilibrar la balanza, destacando su valor en procesos evolutivos, biotecnológicos y terapéuticos. Los virus constituyen herramientas fundamentales en vacunología, terapia génica, biotecnología y medicina, entre otros campos. Asimismo, resulta importante reconocer que la emergencia de patologías virales frecuentemente deriva de actividades humanas: la urbanización masiva, la interacción intensificada con animales, la movilidad global y nuestra contribución al cambio climático.

Con este libro me propongo ofrecer una perspectiva amplia y equilibrada del universo viral. Comenzaré con una breve síntesis de patógenos relevantes —no exhaustiva pero sí representativa— para pósteriormente explorar dimensiones menos conocidas: los virus como agentes evolutivos, herramientas tecnológicas y elementos intrínsecos a la vida en nuestro planeta.

Quisiera agradecer la paciencia de todo mi grupo de neurovirología de la Autónoma de Madrid por soportar alguna que otra excentricidad del jefe y dejarme vía, y tiempo, libre para estos largos meses de escritura. Y, por supuesto, agradecer a toda mi familia, especialmente a mi mujer Paz —Pacita en la complicidad de nuestros programas de radio—, a mis hijos, mis bichitos Dani y Maite, Maite y Dani, y a mis padres, los presentes —mi madre Mercedes— y los eternamente en mi recuerdo, mi madre Teresa y mi padre Antonio. Son el tuétano de la existencia y el motor vital de, como cantara The Police, *Every breath you take*. Ahora, un último saltito del inglés ochentero al clásico latín: *Alea iacta est*.

COMENCEMOS CON ALGO
SOBRE VIRUS *MALVADOS*

INTRODUCCIÓN AL MUNDO VIRAL: MÁS ALLÁ DE LA PATOLOGÍA

El propósito de este libro es presentar una faceta novedosa e inédita sobre los virus, alejada de la visión convencional que la mayoría del público general tiene de ellos. Hablaremos de los virus como «aliados», de sus aplicaciones terapéuticas, biotecnológicas y su papel en la evolución. Son, y continúan siendo, motores de cambio en el mundo, en los seres vivos y en nosotros mismos. La inmensa mayoría de las especies virales nos ignoran completamente o incluso establecen relaciones beneficiosas con nosotros, como analizaremos en capítulos posteriores.

No obstante, comenzaremos con aspectos más reconocibles: algunas curiosidades y noticias destacables desde la perspectiva más clásica de la virosfera (el universo de los virus), centrándonos en aquellos patógenos intracelulares obligados capaces de generar problemas sanitarios, enfermedades y complicaciones clínicas de gravedad. Presentaremos algunos casos representativos sin necesariamente establecer una relación narrativa entre ellos. He procurado seleccionar ejemplos variados, fundamentados en investigación de vanguardia.

Tras este primer bloque, exploraremos en profundidad la cara más desconocida —como la oculta de la Luna— del mundo viral. El objetivo no es generar simpatía hacia estos nanoorganismos, sino invitar a observarlos —aunque no podamos verlos— desde otra perspectiva: como agentes de progreso, de innovación biosanitaria, de terapias y tecnologías prometedoras, de avances como especie y como habitantes de este mundo cambiante.

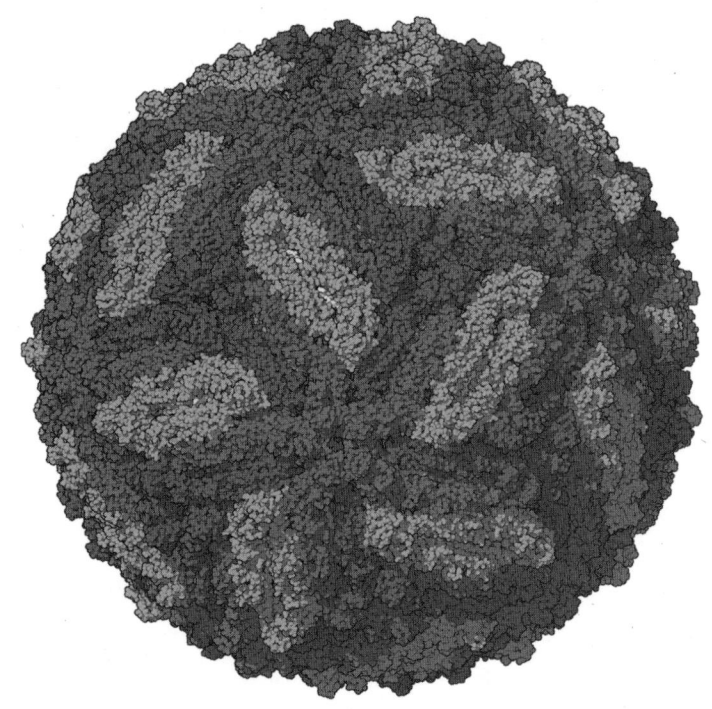

Cápside del virus Zika [Sirohi, D., Chen, Z., Sun, L., Klose,
T., Pierson, T., Rossmann, M. y Kuhn, R.].

ZIKA: PREOCUPACIÓN SANITARIA DURANTE LOS JUEGOS OLÍMPICOS DE BRASIL

Poco después del último gran brote semipandémico de ébola (2014) en África y su expansión a varios países, incluido España, tuvieron lugar los Juegos Olímpicos de Brasil (2016). En los meses previos, la mayoría de los medios de comunicación relegaron a un segundo plano los acontecimientos y competiciones deportivas para centrarse en un virus de la familia *Flaviviridae* conocido como Zika —denominado así por el bosque cercano a la capital de Uganda donde fue identificado en 1946— que se transmitía principalmente por mosquitos, aunque posteriormente se comprobó que permanecía viable durante meses en el semen de hombres infectados.

El virus Zika no resultaba especialmente virulento en la mayoría de los infectados, excepto en mujeres embarazadas; en estos casos, existía la posibilidad de que la infección del embrión y feto durante el desarrollo embrionario provocara una malformación del cráneo del bebé conocida como microcefalia. Según un artículo publicado en la revista *Lancet Infectious Diseases*, la incidencia de microcefalia en Brasil ya era, en 2015, 20 veces mayor que en años anteriores. Aunque esta patología se asocia a factores genéticos y a otros agentes causales, los datos epidemiológicos evidenciaron que los casos de microcefalia de 2016 estuvieron asociados a la introducción del virus Zika. Los investigadores pudieron detectar y secuenciar el genoma de este virus en muestras de líquido amniótico de mujeres embarazadas cuyos fetos fueron diagnosticados con microcefalia.

Para una deportista de élite, embarazada o no, la infección por un virus, por poco patogénico que fuera, podría determinar la diferencia entre rendir adecuadamente en su disciplina o no poder competir. Por ello, las declaraciones del baloncestista español y jugador olímpico Pau Gasol mostrando su preocupación y dudas sobre la participación en los Juegos de Río de Janeiro generaron considerable impacto, especialmente en

Pau Gasol en el partido de calentamiento entre España y Australia
del 26 de agosto de 2011 [Levantemedia/Shutterstock].

el equipo nacional que debía tomar una decisión trascendental para sus carreras: viajar o no a Brasil.

En 2016, Brasil era una de las zonas más afectadas por el virus del Zika tanto en número de infectados como en casos de microcefalia. Se implementaron medidas innovadoras para combatir la epidemia, como la liberación de mosquitos transgénicos macho pseudoestériles, es decir, con capacidad de fecundar de forma abortiva, con la intención no de extinguir ninguna especie de mosquito —los vectores virales—, sino de reducir su población por debajo del umbral de transmisión de la enfermedad. Fue una medida excepcional en circunstancias críticas que generó controversia entre las asociaciones ecologistas.

Además de Pau Gasol, otros deportistas de renombre mundial como la tenista estadounidense Serena Williams también reconocieron haberse planteado si acudir o no a la cita olímpica. Desde el ámbito científico, meses antes del inicio del evento en agosto de 2016, 170 expertos enviaron una carta a la Organización Mundial de la Salud (OMS) sugiriendo el aplazamiento de los Juegos o incluso el cambio de sede, petición que fue rechazada.

Como virólogo y miembro, en aquel momento, de la junta directiva de la Sociedad Española de Virología (SEV), comenté en varias entrevistas que el avance del virus en un contexto global de cambio climático parecía inevitable, siendo cuestión de tiempo que el virus se volviera endémico incluso en el sur de Europa. El aumento de las temperaturas y la redistribución de algunos mosquitos vectores, como el mosquito tigre (*Aedes albopictus*), han favorecido ya la aparición de casos endémicos en nuestro continente de los virus chikungunya o dengue, ambos, como el propio virus del Zika, clasificados como arbovirus —del inglés *Arthropod-Borne Viruses*, denominación aplicada a virus transportados por artrópodos—.

Aunque compartía la legítima preocupación de los deportistas, habría estado personalmente más preocupado por el dengue, endémico desde hace mucho más tiempo y con mayor potencial de virulencia. Sin embargo, en el caso de mujeres embarazadas, existía un motivo real para reconsiderar la asistencia a Brasil en aquella época, por el riesgo de que el virus atravesara la placenta y alcanzara el sistema nervioso del feto.

Por otra parte, la cuestión que planteé a varios periodistas fue: ¿deberíamos entonces eliminar cualquier manifestación internacional, ya sea política, social, cultural/artística o deportiva, de aquellos países con amenazas endémicas? Estaríamos hablando, en conjunto, de una franja de nuestro planeta con más de 3000 millones de habitantes.

Finalmente, los Juegos Olímpicos se desarrollaron con relativa normalidad, España obtuvo los resultados habituales —con la excepción destacable de nuestros Juegos de Barcelona 92— y la amenaza del Zika, sumada al reciente brote de ébola ocurrido apenas dos años antes, situó a los virus y a los Centros de Vigilancia Epidemiológica en estado de alerta; una preparación que resultaría fundamental años más tarde, en 2020.

Para comprender mejor los mecanismos del virus, un detallado estudio publicado en *Nature Communications* en junio de 2024, realizado en el Centro para la Inmunidad Innata y Enfermedades Inmunes de la Universidad de Washington, en Seattle, reveló información crucial sobre la alteración de la estructura de la mielina —la capa lipídica protectora de los nervios— y de la maduración de los oligodendrocitos —las células del Sistema Nervioso Central (SNC) que producen esta mielina— en un modelo de infección congénita por Zika en macacos.

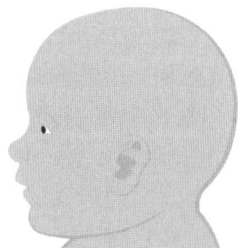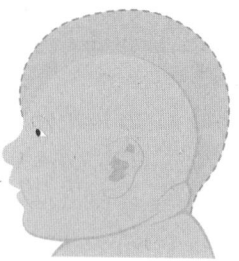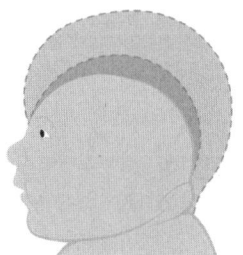

El virus Zika puede provocar microcefalia y microcefalia severa en neonatos [Pepermpron/Shutterstock].

Esta investigación podría explicar el denominado síndrome congénito del Zika y el retraso del desarrollo neurológico en los bebés, más allá de la aparición o no de la microcefalia. Mediante la infección experimental de hembras preñadas, los investigadores analizaron la fisiopatología cerebral fetal causada por la exposición al virus en el útero. Descubrieron que este virus produce una profunda alteración de la mielina fetal, con una extensa regulación negativa, o inhibición directa, de la expresión génica de componentes clave para la maduración de oligodendrocitos y, por consiguiente, de la producción de esta vaina lipídica y proteica fundamental para la correcta transmisión nerviosa.

Una de las proteínas más afectadas es la denominada Proteína Básica de Mielina, componente esencial de la vaina. En fetos infectados, esta envuelta simplemente se descompactaba, perdiendo gran parte de su función. Previamente a estos estudios, investigadores eslovenos ya habían demostrado en la revista *The New England Journal of Medicine* la replicación directa del virus en el cerebro del feto, confirmando que el patógeno puede transmitirse de la madre contagiada al cerebro del futuro bebé, causando previsiblemente la microcefalia.

Estos hallazgos, según señalan los autores, definen los perfiles neuropatológicos fetales de la lesión cerebral relacionada con la infección por el virus del Zika a través del útero, lo que podría tener consecuencias graves a largo plazo en el desarrollo neurológico infantil, incluso en ausencia de una microcefalia manifiesta.

¿Podríamos extraer algún aspecto positivo en torno a la infección por el virus del Zika? Todo parece indicar que sí...

En posteriores secciones exploraremos las opciones terapéuticas que pueden derivar del uso de virus como herramientas a nuestro servicio. Sin embargo, ya que estamos analizando el virus del Zika, resulta pertinente mencionar —al margen de los graves efectos en mujeres embarazadas que puede desencadenar la infección— unas investigaciones de 2017 publicadas en la prestigiosa revista *Journal of Experimental Medicine*, realizadas conjuntamente por las Universidades de California y Washington.

Según estos estudios, este flavivirus podría funcionar como un agente citolítico contra algunos de los tumores cerebrales más mortíferos. Concretamente, el trabajo se ha centrado en células madre —técnicamente denominadas células multi o pluripotentes— de glioblastoma, uno de los tumores más malignos, y desafortunadamente frecuentes, entre las neoplasias de la glía —células auxiliares y colaboradoras de las neuronas en el tejido nervioso—.

Los neurocientíficos descubrieron que el virus Zika podría eliminar este tipo de células malignas que, por lo general, suelen ser resistentes a los tratamientos convencionales actuales, lo que resulta en una esperanza de vida muy limitada, incluso inferior a un año. Por ello, utilizar esta nueva herramienta terapéutica viral contra estos tumores podría constituir una alternativa razonable, considerando las escasas opciones existentes, que además suelen ser agresivas y requieren cirugía, radioterapia y quimioterapia.

Las responsables de la reaparición del cáncer a los pocos meses del tratamiento son una pequeña población de células multipotentes de glioblastoma que generalmente sobreviven al agresivo tratamiento y, desafortunadamente, provocan la recurrencia de la enfermedad. En este punto, los autores del proyecto compararon el comportamiento de estas células madre malignas con las células progenitoras neurales, encargadas de generar el sistema neuronal durante el desarrollo embrionario, precisamente el tipo de células que podría atacar el virus Zika en mujeres embarazadas para provocar las malformaciones o la microcefalia mencionadas anteriormente.

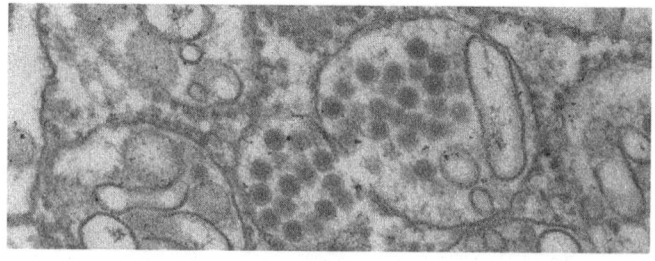

Fotografía por microscopía electrónica del virus Zika en el citoplasma de una neurona de un cerebro fetal [CDC].

Los científicos plantearon una hipótesis fascinante: ¿por qué un virus que ataca a células precursoras neurales que se dividen activamente no podría atacar también a células multipotentes de glioblastoma cancerígenas que se dividen sin control? Los resultados obtenidos sugieren que el virus podría, al menos en adultos, complementar los tratamientos convencionales de estos tumores agresivos con quimioterapia y radioterapia. De esta forma, las terapias actualmente empleadas pueden atacar, reducir o eliminar las células del glioblastoma, mientras que el virus del Zika podría dirigirse específicamente a las células madre malignas allí donde se encuentren.

Actualmente, continúan confirmándose estos resultados en modelos murinos. Los ratones con tumores cerebrales inducidos mostraron mayor supervivencia cuando recibieron tratamiento combinado con el virus. ¿Cómo podría aplicarse esta técnica en una hipotética terapia en humanos? En principio, sería necesario inyectar directamente el virus en el cerebro —presumiblemente durante la intervención quirúrgica para extirpar el tumor—. Este constituiría el paso crítico, puesto que, de otro modo, con una administración sistémica del virus, nuestro sistema inmunitario podría eliminarlo, cumpliendo su función natural.

Finalmente, para verificar la especificidad y seguridad de la inyección directa del virus en el cerebro —a pesar de que en infecciones de adultos apenas cause síntomas—, se realizaron estudios con muestras de tejido cerebral de pacientes que habían padecido epilepsia. El resultado fue revelador: el virus, como observaremos también con otras familias virales, no infecta células no cancerosas, lo que representa una noticia extraordinariamente esperanzadora.

Cabe destacar que a otra familia de virus con predilección por las células cancerosas mientras respeta las sanas —la familia *Parvoviridae*, sobre la que profundizaremos más adelante— se la está modificando genéticamente, al igual que al virus del Zika, para incrementar su eficacia y su inocuidad. Estamos hablando, efectivamente, de posibles futuras terapias con base viral: los virus como herramientas al servicio de nuestra salud y no en contra de ella.

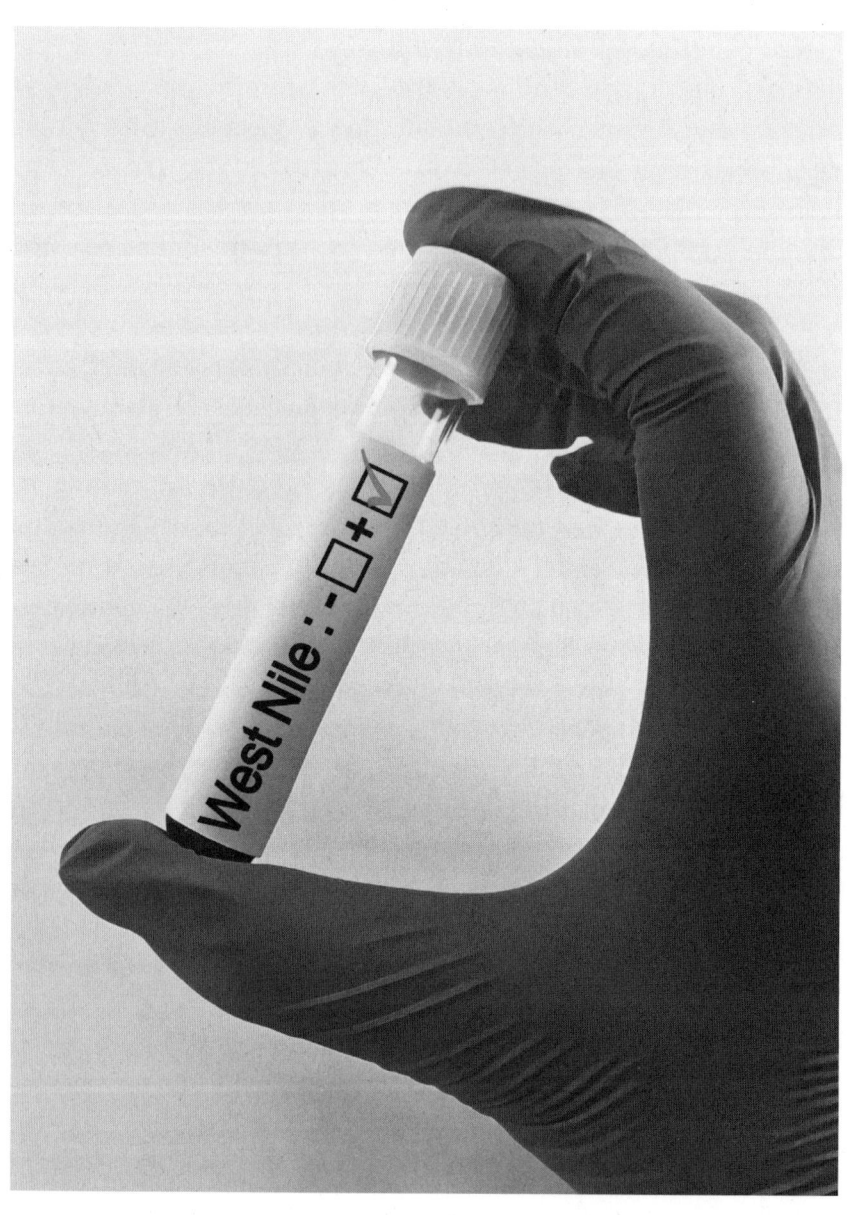

La prueba para detectar el virus del Nilo Occidental (wnv, por sus siglas en inglés) se realiza principalmente mediante análisis de sangre o de líquido cefalorraquídeo, dependiendo de los síntomas del paciente [Faniadiana24/Shutterstock].

EXCREMENTOS DE MOSQUITOS: UNA RUTA INSOSPECHADA EN LA DISEMINACIÓN VIRAL

Durante el periodo estival, especialmente desde el inicio de la pandemia, además de las actividades recreativas propias de la temporada, surge un tema de preocupación para epidemiólogos, virólogos y autoridades sanitarias: el incremento de la población de mosquitos en determinadas zonas cálidas y húmedas de la península y, con ellos, la reemergencia de algunos virus como el del Nilo Occidental (técnicamente WNV), también perteneciente a la familia *Flaviviridae*, relacionado con el virus del Zika, que puede infectar aves, équidos (caballos) y, a través del mosquito como vector, a los humanos. Esta solía ser la vía tradicional de mantenimiento y multiplicación del patógeno. Sin embargo, recientes investigaciones podrían añadir nuevas complejidades a este escenario.

Según publicó un editorial de la revista *Science*, los mosquitos podrían transmitirse entre ellos el WNV a través de sus excrementos. Esta «transmisión diagonal» podría mantener al patógeno en las poblaciones de mosquitos sin necesidad de huéspedes de sangre caliente. El WNV está presente en el sur de Europa. En España, se ha detectado en explotaciones equinas de Andalucía, Castilla-La Mancha, Extremadura, Comunidad Valenciana, Castilla y León y Cataluña. Las alarmas se activaron cuando, durante la pandemia, comenzaron a registrarse casos en habitantes de localidades sevillanas, transmitidos a través de poblaciones de mosquitos en arroyos y humedales.

No obstante, donde el WNV constituye un problema sanitario de primera magnitud es en Estados Unidos, donde representa la enfermedad transmitida por mosquitos más común, afectando a miles de personas anualmente y habiendo causado aproximadamente 3000 fallecimientos. Por ello, la posibilidad de que el virus pueda transmitirse directamente entre mosquitos podría explicar la persistencia de este patógeno.

En el estudio —que actualmente sigue siendo conjetural y objeto de debate—, los investigadores proponen esta nueva e

Comparación de tamaño de *Aedes aegypti, Culex pipiens* y
Armigeres subalbatus [Khalid Jember/Shutterstock].

inusual forma de transferencia viral, lo que podría ayudar a los epidemiólogos a predecir con mayor precisión el comportamiento y la propagación del WNV y, consecuentemente, mejorar su control. Los expertos en zoonosis afirman que el estudio está metodológicamente bien ejecutado y que podría constituir un nuevo caso de serendipia, dado que los virólogos del estudio, pertenecientes al Instituto Nacional de Investigación para el Desarrollo Sostenible de Francia, inicialmente solo pretendían determinar si podían utilizar los excrementos de los mosquitos para rastrear al virus y mejorar su monitorización.

Para este propósito, alimentaron a mosquitos del género *Culex*, principal vector del WNV, con sangre contaminada con el virus —y con una solución de azúcar azul para detectar los excrementos—. Al colocar estos excrementos junto a células de insectos, comprobaron con sorpresa que estas se infectaban, lo que demostraba la presencia de virus infeccioso en las deposiciones, un fenómeno no observado hasta entonces. De hecho, la concentración viral en esos excrementos era suficiente para infectar directamente a otros mosquitos jóvenes.

El ciclo vital mosquito-virus era conocido: los mosquitos depositan sus huevos en el agua o en su proximidad. Las larvas que nacen se desarrollan allí y solo emergen después de la fase de pupa, transformándose en insectos voladores adultos. Cuando alcanzan la madurez, las hembras —que son las que se alimentan de sangre— frecuentan nuevamente estos hábitats húmedos para ovipositar y beber, excretando a menudo en el agua mientras permanecen allí, completando así el ciclo y, según se ha observado, exponiendo a otros mosquitos jóvenes a nuevas infecciones. Al menos en condiciones de laboratorio, colocando pupas de mosquitos en agua con excrementos de sus congéneres, los científicos lograron infectar al 17 % de los adultos que finalmente emergieron.

¿Existe algún aspecto positivo en estos hallazgos? Aparentemente, según algunos modelos matemáticos, es poco probable que esta nueva vía observada influya significativamente en la transmisión del WNV hacia los humanos, aunque podría contribuir a mantener al patógeno en las poblaciones de mosquitos cuando no haya huéspedes de sangre caliente disponibles. ¿Y consecuencias potencialmente negativas? Si estos resultados se confirman, el hecho de que el virus pueda persistir en áreas donde los científicos no lo esperarían, podría invalidar las predicciones de brotes y facilitar la transmisión del virus entre otras especies de mosquitos que se reproduzcan en los mismos entornos.

Desde una perspectiva realista, todas estas consideraciones son actualmente hipótesis formuladas bajo condiciones experimentales controladas. Según indican los epidemiólogos más cautelosos, será necesario esperar a que los hallazgos se confirmen o refuten en condiciones naturales, respondiendo a interrogantes como la cantidad de excrementos de mosquitos que terminan en charcos y arroyos en la naturaleza y si dicha cantidad es suficiente para provocar la transmisión diagonal del patógeno.

En cualquier caso, una medida que siempre tendrá sentido es continuar focalizando esfuerzos en controlar y eliminar, en la medida de lo posible, el agua estancada, vaciando recipientes que acumulan agua de lluvia, como los platillos de las macetas, tan comunes en muchos patios de nuestras localidades. El control de las epidemias es responsabilidad colectiva.

MILES DE VIRUS DESCONOCIDOS EN NUESTRO SISTEMA DIGESTIVO

No hace mucho, los microbiólogos —específicamente los bacteriólogos— dedicados al estudio de las bacterias que conviven con nosotros, de nuestra microbiota, proporcionaban la sorprendente cifra de 10 bacterias comensales, compañeras de viaje de nuestras vidas, por cada célula humana. Esto sugería que éramos esencialmente un ecosistema bacteriano con envoltura humana. Actualmente, esa elevada proporción bacteriana, esa relación procariota-célula humana, ha sido recalculada a una ratio de 1,4:1, lo que representa prácticamente un equilibrio. Y, naturalmente, donde hay bacterias existen bacteriófagos, virus que infectan bacterias.

Gran parte de este libro estará dedicado a estos diminutos seres, más que microorganismos, nanoorganismos: los bacteriófagos, posiblemente la fuente de carbono orgánica más abundante de la biosfera. Son tan numerosos que pueden influir en el cambio climático o verse seriamente afectados por él. Sus posibilidades terapéuticas y biotecnológicas también son sorprendentes, como analizaremos más adelante.

Estos bacteriófagos también pueden estar presentes en nuestro tracto digestivo, infectando, regulando o, según sugieren algunas publicaciones recientes, colaborando con las bacterias —con determinadas especies— para mantener el entorno ecológico de la microbiota estable y protegido frente a la posible invasión de bacterias patógenas. En este contexto, un estudio realizado por investigadores del Wellcome Genome Campus y publicado en la revista *Cell*, describe más de 70 000 virus previamente desconocidos en el interior del intestino humano.

Personalmente, no considero que esto necesariamente implique problemas de salud para el organismo humano, aunque las investigaciones continúan en desarrollo. Nuestro microbioma —el conjunto genético de la microbiota— no es simplemente una colectividad de microorganismos que cohabitan con nosotros, sino que desempeña una función esencial en el proceso digestivo y de asimilación de determinados compuestos, así como en la predisposición a condiciones como la obesidad, alergias, procesos autoinmunes y otras patologías. Por esta razón, cualquier alteración que pudiera afectar este equilibrio debe ser rigurosamente analizada.

Mediante una metodología conocida como metagenómica, es decir, el estudio de la estructura y función de todas las secuencias genéticas aisladas del conjunto de microorganismos de un individuo, los expertos se concentraron en los virus presentes para, posteriormente, comparar sus secuencias genéticas con la base de datos de todos los bacteriófagos conocidos. Se analizaron aproximadamente 30 000 muestras diferentes procedentes de individuos de 28 países. En total, se identificó en nuestro microbioma el genoma de más de 140 000 especies virales, la mitad de ellas desconocidas hasta entonces. Lógicamente, un individuo no alberga todas estas especies simultáneamente, sino un subconjunto específico.

Las conclusiones preliminares del proyecto indican que estos virus no necesariamente representan un riesgo para nuestra salud, sino que podrían incluso contribuir a la evolución de las bacterias de nuestra microbiota, proporcionando, mediante presión selectiva, características genéticas ventajosas. El equilibrio bacteriano es fundamental para nuestra propia existencia, por lo que resulta lógico suponer que estos virus, conocidos o no, desempeñan una función relevante en este sentido.

Los resultados de este estudio están disponibles en una base de datos denominada «Base de Datos de Fagos Intestinales», un nombre conciso y descriptivo que cumple eficazmente su propósito.

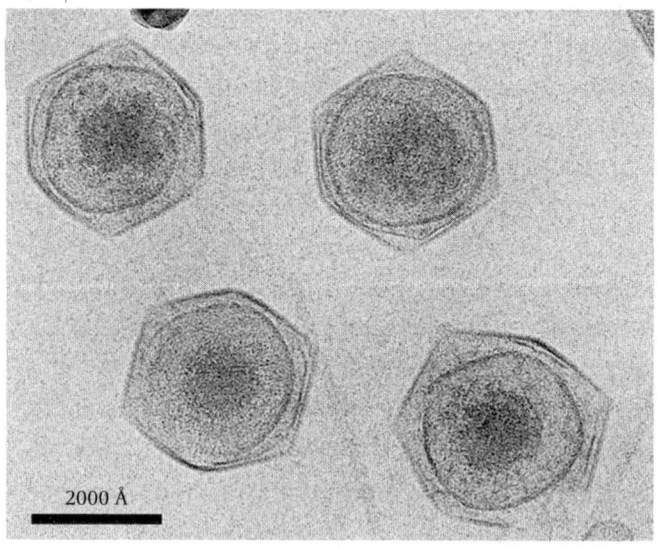

Micrografía crioelectrónica que muestra cuatro partículas del CroV (Cafeteria roenbergensis virus), un virus gigante que infecta protistas marinos. La criomicroscopía electrónica permite visualizar estas estructuras con alta resolución conservando su forma nativa mediante congelación rápida sin necesidad de tinción [Xiao, C., Fischer, M.G., Bolotaulo, D.M., Ulloa-Rondeau, N., Avila, G.A., y Suttle, C.A./*Scientific Reports* 7: 5484].

¿UN NUEVO VIRUS IDIOTIZANTE?

Acabamos de ver cómo una técnica de secuenciación masiva como la metagenómica puede ser útil para ofrecer un panorama general a posibles nuevas poblaciones de microorganismos. Hemos constatado con esta técnica la presencia de miles de nuevas especies virales asociadas a nuestra microbiota. Pues bien, otro estudio apoyado en esta técnica avanzada de secuenciación nos revela algo más inquietante: un virus que hasta ahora se pensaba que solo infectaba algas podría afectar negativamente a nuestras capacidades cognitivas.

Conviene recordar que las superficies mucosas contienen una amplia gama de microorganismos, muchos de cuyos efectos siguen estando insuficientemente investigados. La metagenómica a gran escala ha surgido como un método rápido y efectivo de identificación de nuevas especies. Sorprendentemente, en uno de estos análisis se identificaron secuencias de ADN homólogas a un virus de algas, a un virus gigante —un miembro de los *giant viruses* o *giruses* de los que en otro capítulo hablaremos extensamente.

Los virus gigantes o giruses son un grupo de virus que replican en el citoplasma celular, muy complejos y que pueden ser tanto o más grandes que algunas bacterias pequeñas. Son tan complejos que incluso pueden tener a sus propios parásitos víricos, los Virófagos. Hablaremos de ellos desde un punto de vista evolutivo, pero aquí presentamos una especie concreta de virus gigante con características potencialmente preocupantes.

El «gigante» nanoorganismo en cuestión —cuyo tamaño puede superar al de algunas bacterias— se denomina ATCV-1 o, lo que es lo mismo, Acanthocystis turfacea chlorella virus 1, virus gigante de ADN de la familia *Phycodnaviridae* y del género *Chlorovirus* —lo que indica qué organismos infecta: el alga verde unicelular *Chlorella heliozoae*—. Secuencias de ADN de ATCV-1 han sido aisladas de las mucosas nasales de humanos y se ha investigado en modelos murinos.

Según la información publicada en medios y agencias de noticias, la detección del virus en estas mucosas orofaríngeas de voluntarios se asoció con puntuaciones más bajas en pruebas de habilidades cognitivas y motoras. En ratones, la inyección intracraneal o intestinal de este virus generaba esta disminución cognitiva y conductual, aparentemente mediante la inducción de factores proinflamatorios.

Se desconocía que ATCV-1 pudiera infectar humanos; por ello, el artículo publicado en *Proceedings of the National Academy of Sciences, PNAS* (2014), con editorial en *Science*, desarrollado por neurovirólogos de Baltimore, EE. UU., alcanzó notable repercusión mediática. Es muy inusual que un virus realice saltos de especie de esta magnitud. Nuestra biología y la de un alga unicelular son completamente distintas, y los virus tienen requerimientos específicos de receptores y factores para poder infectar un nuevo hospedador.

En el estudio con ratones, los investigadores demostraron que la infección por este chlorovirus podría afectar a la expresión de hasta 1300 genes. La pregunta que años más tarde sigue sin respuesta clara es: ¿cómo afecta la infección a la función cognitiva? En el caso de los ratones, lo que se observó en el cerebro fue un proceso inflamatorio, pero no se detectó el virus. Tampoco se conoce cómo penetra el virus en las células de mamíferos y si estamos ante una coincidencia, una incorrecta interpretación de causalidad y casualidad o, simplemente, hechos puntuales.

No parece, una década más tarde, que el fenómeno haya avanzado significativamente; por lo tanto, no hay motivo de alarma: la disminución de capacidades cognitivas que pueda observarse en nuestra especie como animales sociales, desde luego, no debe atribuirse a la infección por ATCV-1.

Los autores concluyeron que algunos virus presentes en el ambiente podrían tener efectos biológicos más significativos de lo que se piensa si, por diversas circunstancias, entran en contacto con los seres humanos.

¿SE ESTÁ DESCONTROLANDO EL SARS-COV-2?

Probablemente estemos todos fatigados de la abundancia de noticias sobre la COVID-19, y lo que realmente deseemos es superar esta etapa definitivamente. Sin embargo, independientemente de nuestra actitud frente al problema, el virus persiste; seguramente, permanecerá ya indefinidamente entre nosotros. Todavía existen numerosos interrogantes por resolver —al margen de teorías conspirativas sin fundamento científico—. Por ejemplo, aún desconocemos si el virus adoptará un patrón estacional o permanecerá sistémico durante todo el año; en qué consiste exactamente la denominada COVID persistente (long COVID); si el virus puede permanecer en determinados tejidos durante periodos prolongados y, como analizaremos a continuación, dónde puede subsistir el virus cuando no está en humanos.

En este sentido, un artículo publicado como editorial en abril de 2024 en *Science* presenta un ambicioso proyecto estadounidense cuyo objetivo es obtener muestras de más de 50 especies animales para esclarecer cómo se transmite el SARS-COV-2 entre las personas y la fauna silvestre. Parte del estudio se llevó a cabo previamente en la reserva natural californiana de Mission Creek, donde se aprovechó un programa con más de una década de trayectoria dedicado a monitorizar la salud de borregos cimarrones (*Ovis canadensis*). Actualmente, con la colaboración de la Universidad Estatal de Pensilvania, la recolección de muestras de animales salvajes servirá para los programas de vigilancia sobre la prevalencia del coronavirus; para comprender cómo se está propagando el virus de la COVID-19 en la vida silvestre y cómo podría estar evolucionando en sus huéspedes animales, principalmente tras la creciente evidencia de que este virus está arraigado en los ciervos norteamericanos.

Mientras se escribe este texto, y durante los próximos dos años, se analizarán más de 24 000 muestras de casi 60 especies de animales silvestres, buscando la presencia directa del virus o indicios de una infección anterior mediante la detección de anticuerpos en sangre. La motivación subyacente a estos proyectos

Un ejemplar macho de *Ovis canadensis* [Bonnie Fink/Shutterstock].

tan costosos no es únicamente observar cómo el virus se transmite entre diferentes especies animales, ni siquiera determinar si el virus puede volver a afectar a los humanos, sino algo potencialmente más peligroso que algunos virólogos consideran pudo ser el origen del salto a nuestra especie de la variante Ómicron: la posibilidad de que el virus pueda mutar, evolucionar y constituir una nueva variedad o linaje contra el que no estemos inmunológicamente preparados, provocando nuevas oleadas de la enfermedad.

Entre las especies a monitorizar, además de los muflones y con una financiación aproximada de 4,5 millones de dólares, se incluirán zorros, osos, conejos, castores, alces, venados mulo (*Odocoileus hemionus*), coyotes, gatos monteses, gatos pescadores (*Prionailurus viverrinus*), zarigüeyas, ratas y mapaches, entre otros animales. Se ha documentado que el coronavirus pandémico ya se ha extendido a más de 50 especies animales desde 2020, la mayoría de ellas mascotas y animales de granja y zoológicos. Los informes referentes a la vida silvestre son relativamente escasos, lo que confiere a este macroestudio un especial interés.

Hasta la fecha, ya existen informes aislados sobre la infección de algunas especies salvajes como tejones, coatíes (género *Nasua*), algún leopardo en la India o un rinoceronte blanco en Senegal. Durante la pandemia se documentó la transmisión del SARS-COV-2 desde visones a trabajadores de este tipo de granjas —lo que condujo al sacrificio de millones de estos animales— o desde hámsteres domésticos importados de Países Bajos hasta Hong Kong, reintroduciendo momentáneamente la variante Delta del coronavirus cuando ya predominaba la variante Ómicron.

Por todos estos motivos, la expectativa de los científicos implicados en esta nueva investigación es poder realizar un seguimiento del virus en numerosos animales y localizaciones, lo que podría contribuir a esclarecer qué especies permiten que el SARS-COV-2 persista y potencialmente evolucione hacia nuevos linajes que podrían evadir los diagnósticos, los medicamentos o la inmunidad humana contra el virus. Resulta fundamental, según los autores, distinguir entre los hospedadores terminales y los amplificadores.

A modo de ejemplo, un estudio de referencia publicado en *Nature* en 2021 mostró que el 36 % de los 360 ciervos de cola blanca abatidos durante un programa de control en nueve localizaciones de Ohio presentaban infecciones por SARS-COV-2. Los animales portaban tres linajes diferentes del virus, lo que sugiere que se habían producido múltiples introducciones. El veterinario Andrew Bowman de la Universidad Estatal de Ohio, quien dirigió el estudio afirmaba: «Entender lo que está sucediendo en los ciervos es fundamental para el resultado general del SARS-COV-2 en los humanos».

Ahora bien, ¿cómo pudo transmitirse el virus desde nuestra especie a la fauna silvestre? No está completamente esclarecido. Posiblemente, en parques cinegéticos pudiera haberse producido cierta proximidad entre humanos y algunos herbívoros —durante la alimentación, por ejemplo—. Además, un artículo publicado en *Nature Communications* a finales de julio de 2024, reforzando lo previamente mencionado sobre la reserva natural californiana de Mission Creek, confirma que el causante de la COVID-19 se ha extendido a la fauna silvestre. Los investigadores, coordinados desde el Instituto Politécnico y Universidad Estatal de Virginia, mediante análisis genético han detectado linajes de SARS-COV-2 que circularon durante la pandemia en zarigüeyas,

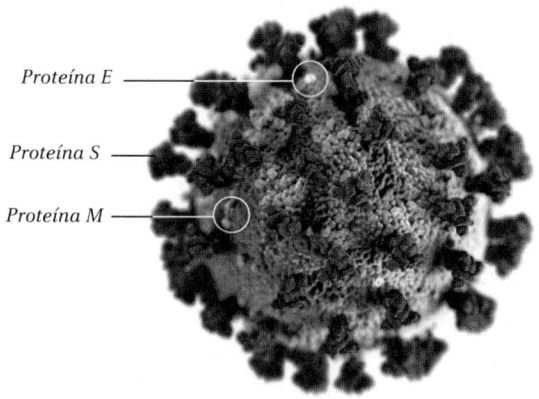

Morfología ultraestructural de un coronavirus [Ilustración creada en el CDC, Centro para la Prevención y Control de Enfermedades].

conejos y venados, entre otras especies. También han identificado mutaciones virales únicas, lo que respaldaría la transmisión de humano a animal.

Estas mutaciones detectadas en los animales silvestres podrían resultar más patogénicas y transmisibles, lo que plantearía futuros desafíos para el desarrollo de vacunas, aunque actualmente no se han encontrado evidencias de que el virus se transmitiera de animales a humanos. Significativamente, la mayor exposición al virus se encontró en animales cercanos a senderos transitados y áreas públicas de elevada afluencia.

Otros expertos, con posiciones más estrictas, incluso advierten del riesgo que supuso el descarte inadecuado de material de protección como mascarillas, desechándolas inapropiadamente. En definitiva, nuestras acciones —o inacciones— presentes podrían tener consecuencias significativas, incluso a largo plazo.

MENSAJE FUNDAMENTAL SOBRE LA IMPORTANCIA DE LA VACUNACIÓN

Se requeriría una obra mucho más extensa para abordar en profundidad la cuestión esencial de por qué debemos vacunar a nuestros seres queridos. El control de las infecciones virales no constituye una cuestión ideológica o cultural, sino un principio irrenunciable de bienestar colectivo y protección grupal. No obstante, en pocos países del mundo es obligatoria la vacunación. En España, la cobertura vacunal es una de las más elevadas de Europa. No somos especialmente reacios a la vacunación, a pesar del daño causado por el ya inhabilitado médico Andrew Wakefield, quien publicó un artículo fraudulento sobre la supuesta vinculación entre la vacuna triple vírica —sarampión, rubéola y paperas— y el autismo; una relación que fue claramente desmentida tiempo después, cuando el perjuicio ya estaba causado, como se tratará en un capítulo posterior.

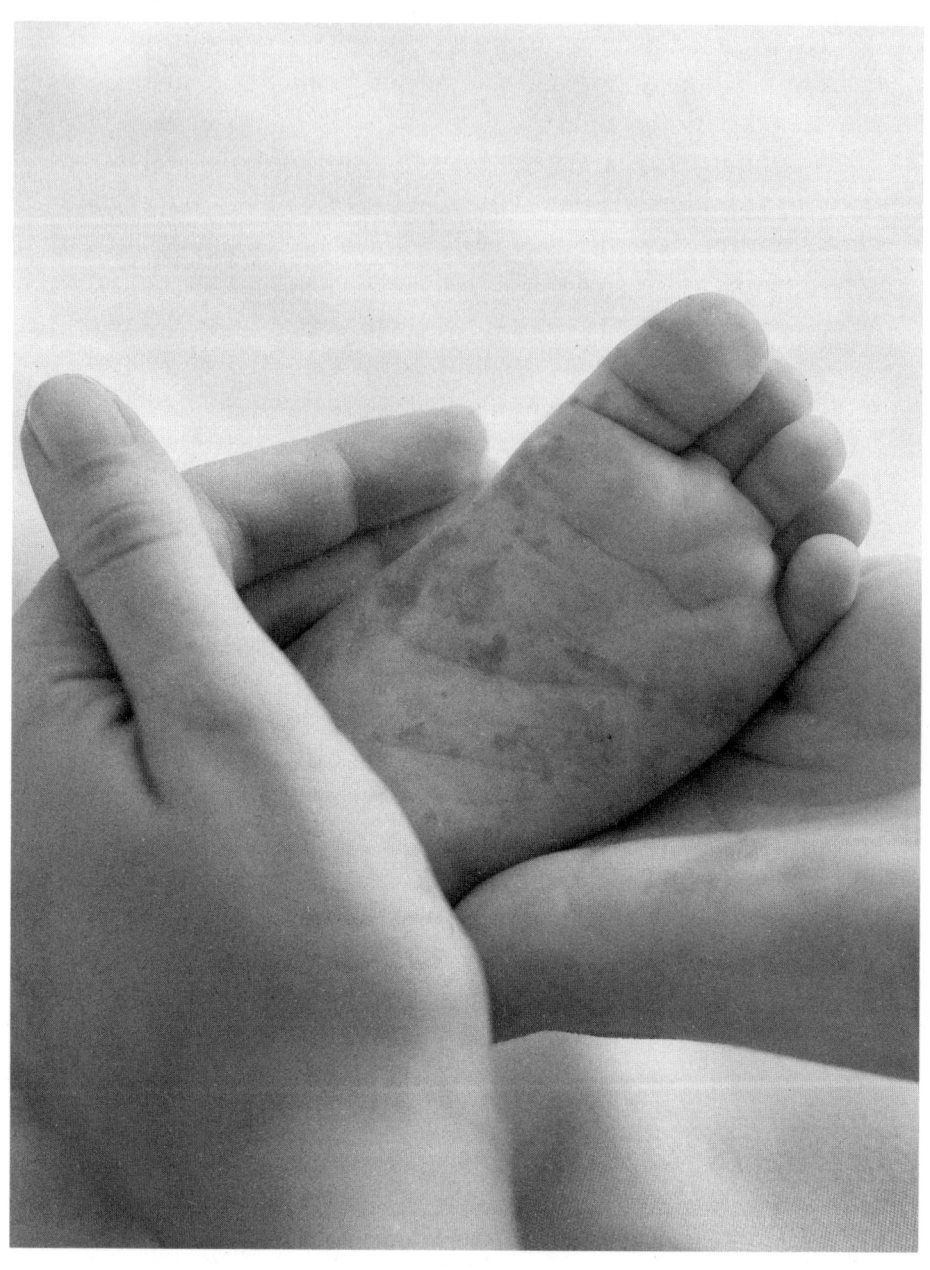

El sarampión es uno de los virus con mayor capacidad de infección, por lo que basta con interrumpir el programa de vacunación para que este patógeno vuelva a manifestarse, multiplicando hasta por 10 su alcance anual. Uno de cada 1000 niños infectados puede fallecer [Prostock-studio/Shutterstock].

El sarampión es uno de los virus con mayor capacidad de infección, por lo que basta con interrumpir el programa de vacunación para que este patógeno vuelva a manifestarse, multiplicando hasta por 10 su alcance anual. Uno de cada 1000 niños infectados puede fallecer. Además, un equipo de investigadores británicos, holandeses y estadounidenses ha publicado en *Science* nuevos riesgos a los que podría enfrentarse un joven infectado por sarampión sin estar vacunado.

Como principal hallazgo podríamos destacar que «el sarampión expone a los niños no vacunados a otros virus y bacterias». La infección por este virus puede reducir la capacidad de producción de anticuerpos, provocando lo que los autores han denominado «amnesia inmunitaria» ante otras enfermedades. El estudio se ha realizado directamente sobre niños no vacunados, donde se comprobó que, tras sufrir la infección por el sarampión y la consecuente enfermedad, sus anticuerpos perdieron la capacidad para detectar a otros patógenos contra los que previamente podrían haber estado protegidos inmunológicamente.

En los ensayos llevados a cabo en modelos animales se constató que dicha amnesia inmunitaria persistía, al menos, varios meses, lo que provocaba la susceptibilidad y nueva infección con otros virus contra los que previamente existía protección.

Este fenómeno tiene una conexión con un caso real: En 2013 se produjo un brote de sarampión entre varias comunidades protestantes del denominado cinturón bíblico, una región de los Países Bajos donde prevalece una interpretación rigurosa del calvinismo. Mientras que los niveles de inmunización derivados de la vacunación alcanzan aproximadamente el 95 % de la población de este país, entre los miembros de estas iglesias este porcentaje disminuye hasta el 30 %. Como consecuencia, en el brote mencionado resultaron infectadas unas 2800 personas, la inmensa mayoría niños que no habían sido vacunados por motivos religiosos.

Esta lamentable situación ha permitido, sin embargo, realizar uno de los estudios más significativos sobre el sarampión al disponer de muestras sanguíneas de aproximadamente un centenar de niños antes y después de resultar infectados.

El virus del sarampión, exclusivo de humanos en condiciones naturales, tiene un R_0 (Número Reproductivo Básico) que, según diferentes estimaciones, oscila entre 12 y 18, situándose entre los más elevados de los patógenos conocidos. Esto significa que un individuo infectado activo por este virus puede transmitirlo, de media, a unos 15 individuos, tanto no vacunados como vacunados pero no inmunizados.

Los resultados podrían explicar una paradoja observada históricamente en cuanto a la morbilidad y mortalidad: infectarse y superar el sarampión confiere inmunidad a este virus, pero aumenta la vulnerabilidad frente a otros virus y bacterias. En el estudio publicado se demuestra cómo la infección por sarampión podría eliminar hasta el 73 % del recuerdo inmunológico previo.

Lo habitual es lo contrario; a medida que nos vamos infectando, o vacunando, contra diferentes patógenos, nuestro sistema inmune se va diversificando, generando un repertorio de anticuerpos y linfocitos de memoria cada vez más amplio y eficaz. Sin embargo, a los pocos meses tras la infección por sarampión, dicha diversidad inmunológica frente a diversos patógenos había disminuido significativamente.

En palabras de los investigadores, es como si el sarampión reiniciara el sistema inmunitario, dejándolo comparable al de un lactante, muy limitado para responder, al menos temporalmente, a nuevas infecciones. En experimentos con macacos, la pérdida de diversidad de linfocitos B se mantenía durante al menos cinco meses. En hurones infectados con gripe y posteriormente con un homólogo del sarampión se producía una reducción drástica de los anticuerpos dirigidos contra el primero; incluso, al volver a ser infectados con el virus gripal, los efectos y sintomatología fueron más severos que en el grupo de hurones control no infectado con sarampión.

Según documentan médicos y científicos testigos de un brote epidémico de sarampión en Nicaragua en 1991, fallecieron numerosos niños, no solo a causa del propio sarampión, sino de muchas otras enfermedades, fenómeno que remitió tras intensificar el programa de vacunación.

EL VIRUS DEL PAPILOMA HUMANO: UN DESAFÍO PARA AMBOS SEXOS

En capítulos posteriores profundizaremos en el gran hito que supuso el desarrollo de la vacuna contra el papiloma humano, reconocido con el Premio Nobel. También abordaremos la singular y trágica historia de Henrietta Lacks, una mujer que falleció a los 31 años de un carcinoma de cuello de útero por infección con el Papilomavirus humano (VPH) genotipo 18 —que junto al 16 es uno de los más oncogénicos— y que, tras su fallecimiento, alcanzó una forma de inmortalidad a través de sus células, denominadas HeLa, presentes en prácticamente todos los laboratorios de biología, biomedicina y biotecnología del mundo.

Hasta hace relativamente poco tiempo, la vacuna contra el VPH estaba únicamente recomendada para niñas y adolescentes —antes de su primera relación sexual—, consideradas como las principales afectadas por las consecuencias graves tras la infección con ciertos tipos específicos del virus. Sin embargo, los varones tampoco están exentos de consecuencias severas como ciertos tipos de tumores orofaríngeos, pudiendo ser, además, una vía de transmisión hacia sus parejas. Por este motivo, existen iniciativas que, además de positivas, transmiten un importante mensaje de concienciación social: el VPH, el virus del papiloma humano, cuenta desde 2018 con su propio Día Internacional, el 4 de marzo.

Para establecer dicha conmemoración, colaboraron hasta ocho sociedades médicas y científicas españolas bajo el auspicio de la International Papillomavirus Society. «El papilomavirus es cosa de todos», expresa el principal lema de la campaña del ya instituido Día Internacional de la Lucha contra el Virus del Papiloma Humano. Las infecciones por VPH continúan siendo responsables de aproximadamente un 5 % de todos los tumores humanos, representando el 100 % en el caso del cáncer de cuello de útero, o el 90 % en el de ano, entre otros tipos de cáncer.

Además de concienciar sobre la importancia sanitaria de este virus, se pretende promover la educación y alentar a los gobier-

Roanoke, Virginia. La estatua de Henrietta Lacks del escultor
Lawrence Bechtel [Rosemarie Mosteller/Shutterstock].

nos y a la sociedad a implementar medidas para mejorar la salud de todos, mujeres y hombres. La infección por el VPH está considerada actualmente la Enfermedad de Transmisión Sexual más frecuente a nivel mundial. Hasta un 80 % de la población global podría tener contacto con este patógeno a lo largo de su vida. Esto no implica que cualquier infección por VPH tenga consecuencias graves. De hecho, la mayoría de las infecciones se resuelven y desaparecen espontáneamente, pero la prevención sanitaria debe centrarse en ese porcentaje de infecciones de riesgo que pueden derivar en procesos oncológicos.

Cada año se diagnostican en Europa unos 800 000 casos promedio de verrugas genitales y cerca de 400 000 lesiones precancerosas, cifras que justifican la importancia de dedicar un día anual a la difusión del conocimiento sobre este virus.

EL VIRUS DE LA HEPATITIS C: UN NOBEL MERECIDO

Recientemente hemos mencionado un virus, el VPH, cuya relación con el cáncer de cuello de útero, entre otros posibles tumores, mereció un Premio Nobel en 2008, concretamente para Harald zur Hausen. También nos encontraremos a lo largo de este libro con otro virus pandémico que ha causado más de 40 millones de muertes y contra el que sigue sin existir una vacuna eficaz, el Virus de la Inmunodeficiencia Humana (VIH), cuyo descubrimiento también supuso un Nobel para los investigadores franceses Luc Montagnier (1932-2022) y Françoise Barré-Sinoussi (1947). El galardón se otorgó en 2008, compartiéndolo con zur Hausen, en medio de cierta controversia relacionada con un episodio de posible mala praxis científica por parte del virólogo Robert Charles Gallo (1937), experto en retrovirus.

En 2020, otro Premio Nobel de Fisiología o Medicina reconoció un descubrimiento virológico fundamental: el del virus de la hepatitis C (VHC), un virus de ARN de la familia *Flaviviridae* que, sintomático o asintomático, afecta a más de 70 millones de personas en el mundo, la mayoría con infección crónica. Los científicos Harvey James Alter (1935), Michael Houghton (1949) y Charles M. Rice (1952) recibieron el máximo reconocimiento de la Academia Sueca por sus contribuciones en la lucha contra la transmisión sanguínea del VHC, un problema de salud para el que no existe actualmente vacuna, aunque sí tratamientos antivirales altamente eficaces.

Si la infección con VHC no se trata puede provocar cirrosis y hepatocarcinoma —cáncer de hígado—, constituyendo una de las principales causas de este tipo de tumores. Previamente a la identificación de este virus, existía un tipo de hepatitis de etiología desconocida denominada hepatitis no A no B. Tras la caracterización del VHC a finales de los años 80 del siglo pasado, los avances en diagnóstico y el desarrollo de potentes antivirales han permitido salvar millones de vidas.

Podemos clasificar, de manera simplificada, los tipos de hepatitis víricas en dos grupos: aquellas con desarrollo agudo tras una infección que, en condiciones favorables, se resuelve en aproximadamente un mes, como la hepatitis A —virus de

Harvey James Alter [NIH History Office].

la familia *Picornaviridae*—, y las hepatitis crónicas producidas por el virus de la hepatitis B —familia *Hepadnaviridae*— y el VHC. Mientras que los casos de cronicidad con el virus B en adultos no suelen superar el 20 %, hasta un 70 % de los infectados con el VHC deberán afrontar la infección de forma indefinida si no reciben tratamiento.

La transmisión de este virus es principalmente hematógena, es decir, por vía sanguínea. Hasta que se implementaron los test de análisis de muestras sanguíneas, las transfusiones constituían una fuente habitual de contagio. Aunque se ha considerado la posibilidad de transmisión sexual, según diversos estudios esta vía es muy improbable. Un aspecto favorable desde la perspectiva epidemiológica es que no se conocen reservorios animales para el VHC; somos, junto a algunos simios, sus únicos huéspedes susceptibles. De hecho, el chimpancé fue el modelo elegido para el estudio y caracterización del virus.

En resumen, los descubrimientos de los tres galardonados han permitido el análisis sanguíneo rutinario para eliminar el riesgo de transmisión por transfusión, así como el desarrollo de medicamentos antivirales muy efectivos para tratar y eliminar definitivamente la infección, hasta el punto de que podría contemplarse la posibilidad de que sea el primer virus cuya erradicación se plantee mediante antivirales y no con vacunas.

Hasta finales de la década de 2010, el tratamiento contra la hepatitis C consistía básicamente en un régimen terapéutico formado por Ribavirina, un nucleósido sintético antiviral que puede actuar mediante un mecanismo conocido como mutagénesis letal —provocar tantas mutaciones en el genoma viral que lo vuelve inviable—, y el Interferón, un inhibidor del ciclo viral. En combinación, la eliminación total del virus no solía superar el 50 %, y los efectos secundarios eran considerables. A partir de 2013, el arsenal terapéutico contra el virus de la hepatitis C se amplió con los nuevos fármacos antivirales de acción directa, combinaciones de varias moléculas que impiden la replicación del patógeno con efectos secundarios mínimos, mucho más seguros, de administración oral y con una eficacia muy elevada, cercana al 100 % en algunos genotipos virales.

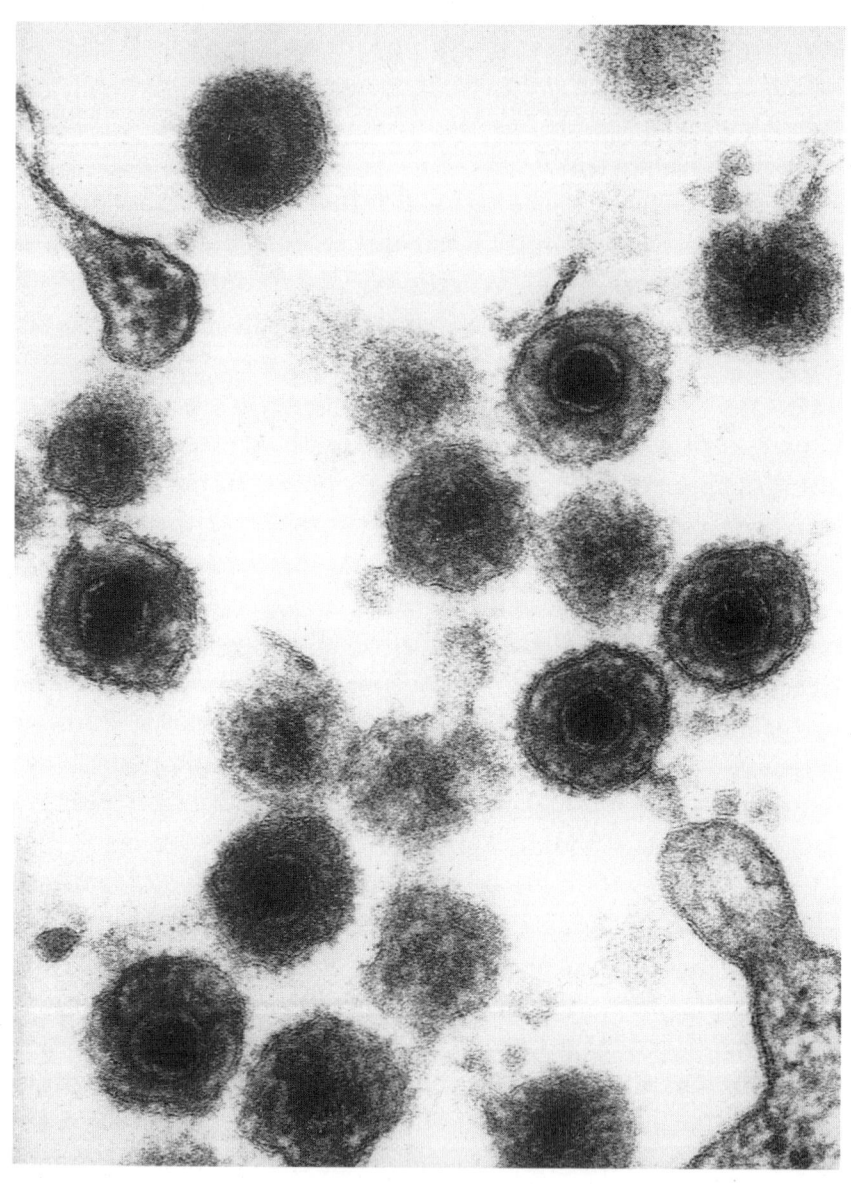

Una micrografía electrónica del HHV-6. La apariencia de «ojo de búho» de las partículas virales es característica de la familia de los herpesvirus [Bernard Kramarsky/Laboratory Of Tumor Cell Biology/National Cancer Institute].

DOS VIRUS INFANTILES ACUSADOS DE INTERVENIR EN EL ALZHÉIMER

Pocos años después de volver de mi segundo posdoctoral en Heidelberg, Alemania, cambié de campo de investigación, de virus, y en 1998 me pasé a la prolífica familia *Herpesviridae* para estudiar algo que empezaba a estar de moda por múltiples publicaciones llegadas, principalmente, desde el Instituto de Oxford sobre el Envejecimiento y con la científica Ruth Itzhaki como máxima defensora: los herpesvirus podrían estar relacionados en neurodegeneración. Me incorporé a un laboratorio de la UAM centrado en el virus Herpes Simplex Tipo 1 (HSV-1). No era la teoría mayoritaria. De hecho, otros herpesvirus tenían más papeletas para estar implicados en, por ejemplo, la enfermedad de Alzheimer, como el Epstein-Barr o los virus de los que hablaré a continuación, los Herpesvirus Humanos 6 y 7 (HHV-6 y HHV-7).

Estos dos virus se contraen en los primeros años de vida y no suelen causar muchos estragos; en algunos casos, y durante varios días, algunos infectados padecen fiebre alta y unas erupciones con manchas rosadas en el tronco y después en las extremidades conocidas como exantema súbito (roséola infantil o sexta enfermedad). Se suelen transmitir por vía respiratoria y, como digo, suele afectar sobre todo a niños menores de tres años.

Sin embargo, investigadores de una veintena de instituciones de EE. UU. han encontrado que la presencia de estos dos herpesvirus es mucho mayor en el cerebro de aquellas personas que sufrieron la conocida demencia senil. Esta enfermedad, Alzheimer, fue descrita por primera vez a principios del siglo pasado por el psiquiatra y neurólogo alemán Aloysius Alois Alzheimer (1864-1915). Es una enfermedad devastadora que nos roba la esencia del «Yo», de lo que somos y cuyo origen, más de un siglo después, sigue siendo especulativo. Algunos virólogos pensamos que agentes biológicos, como virus o bacterias, pueden jugar un papel en el desarrollo o avance de la enfermedad, pero son pocos los que, como Itzhaki, piensen que el herpes sea el agente etiológico, el inductor, el que causa el mal —y que lo crean hasta el punto de proponer que deberíamos tomar antiherpéticos de forma preventiva a partir de cierta edad—.

HHV-6 y 7, como ya he adelantado, muestran indicios de su posible participación en estas patologías neurodegenerativas, pero hasta la fecha, las certezas son escasas. La enfermedad de Alzheimer es la principal demencia relacionada con la edad, siendo su prevalencia en Europa de en torno a una docena de casos por cada 1000 habitantes.

Tras practicar autopsias a más de 600 fallecidos por alzhéimer —posteriormente ampliados con 1000 muestras más— y a otros 300 que lo hicieron por causas ajenas a la degeneración cerebral, los investigadores encontraron una mayor presencia, concretamente el doble en los tejidos cerebrales, de los virus HHV-6 —subtipo 6A— y HHV-7. Incluso, la expresión de algunos genes relacionados con la enfermedad parecía estar relacionada con material genético viral. De hecho, mediante estudios computacionales, los autores del trabajo sugirieron que estos virus podrían estar interactuando o regulando directamente genes que se sabe que sí intervienen en el alzhéimer.

¿Cómo interactúa el virus con los procesos que conducen a la neurodegeneración? ¿Dónde actúa? Son incógnitas que siguen en el aire. Incluso, la eterna pregunta científico-experimental de ¿causa o efecto?, es decir, estos virus aumentan su presencia en el cerebro y esto conduce al desarrollo del alzhéimer o, la enfermedad de Alzheimer conlleva una mayor capacidad para algunos virus de infiltrarse en el SNC, sigue siendo la pregunta del millón. Los resultados presentados se publicaron en la revista *Neuron*. Por cierto, tras varios años estudiando los efectos del HSV-1 en el alzhéimer creé mi propio grupo de investigación sobre la infección de oligodendrocitos por este virus, pasando de la posible implicación del virus en esta enfermedad a la esclerosis múltiple (EM).

DE LA ENFERMEDAD DEL BESO AL LUPUS: UN VIRUS

Y no abandonamos a los herpesvirus. De hecho, acabamos de ver varios miembros de esta gran familia de nanoorganismos como supuestos implicados en el desarrollo de enfermedades neurodegenerativas y/o desmielinizantes, como el alzheimer o la esclerosis múltiple, respectivamente. Mencioné, intencionadamente, a los HHV-6A, HHV-7 y al HSV-1 —con el que trabajamos en mi grupo—. También se comentó, tangencialmente, a otro virus, el Virus del Epstein-Barr (EBV) o, como es más conocido, el Virus de la mononucleosis o —si tienes una vena romántica— el Virus de la enfermedad del beso. Es un virus que específicamente suele infectar y permanecer en latencia en linfocitos B donde, además, estaría implicado en varias manifestaciones malignas: linfoma de Burkitt o el carcinoma Nasofaríngeo. Además, tal y como se publicó hace un par de años en *Science*, sería uno de los serios aspirantes a tener el dudoso honor de intervenir en la aparición de la esclerosis múltiple, algo que no todos nos acabamos de creer —pienso que este virus, como otros de la familia *Herpesviridae* puede jugar un mayor o menor papel en el desarrollo de la enfermedad, pero nunca como agente inductor—. Pues bien, además de todas estas potenciales consecuencias de la infección por el EBV, ahora también ha sido implicado en el riesgo de padecer enfermedades autoinmunes como el lupus.

El EBV está muy presente en todo el planeta, infectando a más del 80 % de su población. Lo normal es que pase desapercibido. En algunos casos sí se manifiesta como mononucleosis.

Por desgracia, en casos muy raros, la situación se complica con manifestaciones cancerígenas, y ahora según nuevos estudios podría causar cambios en la expresión genética de algunas células aumentando, drásticamente, la probabilidad de que una persona padezca lupus —aquella enfermedad que diagnosticaba con frecuencia el famoso doctor House de la serie televisiva— y hasta otros seis trastornos autoinmunes, como la EM que ya he mencionado y que investigamos en mi grupo. Sería, según afirman los genetistas, el puente perfecto entre la gené-

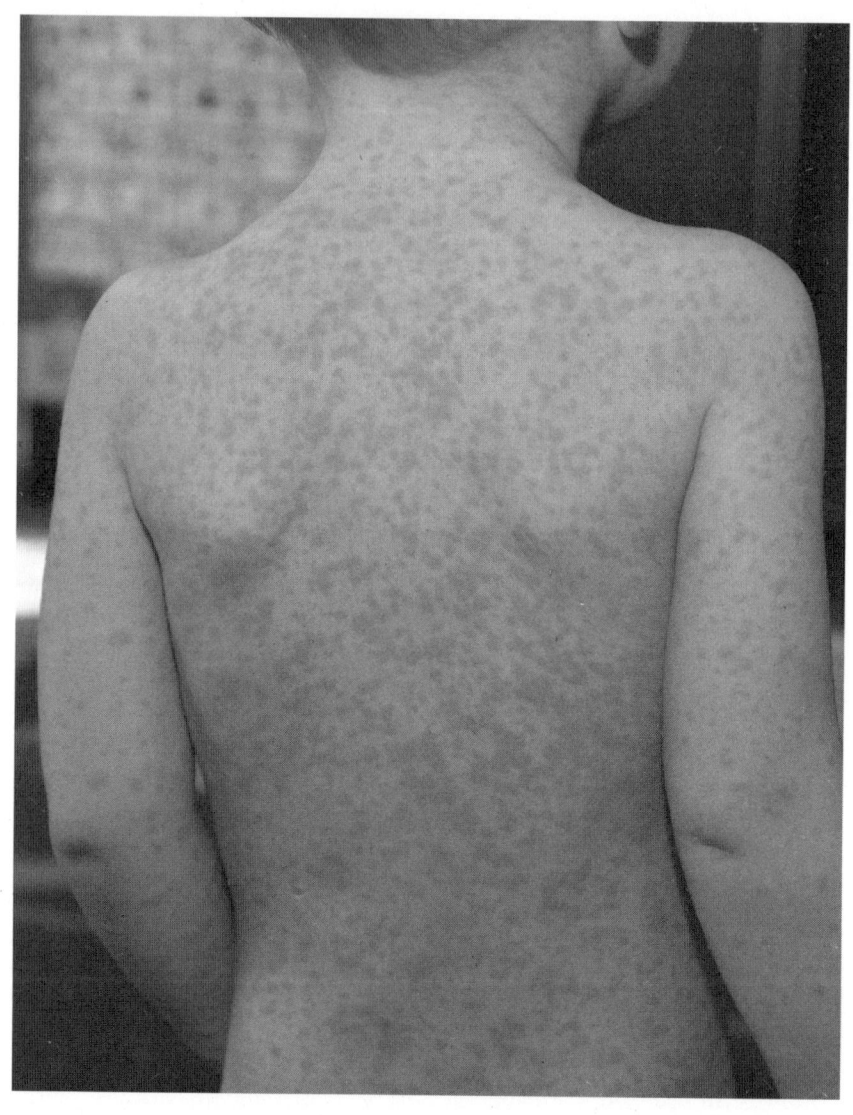

Un síntoma poco común es el sarpullido en la mononucleosis infecciosa (MI), una infección viral causada habitualmente por el virus de Epstein-Barr (EBV), que pertenece a la familia de los herpesvirus [Radovan/Shutterstock].

tica y el medio ambiente —las infecciones virales— en el desarrollo de ciertas patologías. Si el trabajo publicado en *Nature Genetics* se confirmara —los científicos están investigándolo actualmente—, los niños infectados con el EBV tendrían hasta 50 veces más probabilidades de desarrollar lupus a lo largo de su vida; una enfermedad contra la que a día de hoy ni hay cura efectiva ni se conoce con certeza qué la induce. La hipótesis que subyace en el trabajo realizado por investigadores estadounidenses es que las proteínas que utiliza el virus para su replicación en el interior de las células podrían también interaccionar con otros factores asociados a estas enfermedades autoinmunes y favorecer el ataque al ADN del paciente.

El conocido como lupus eritematoso sistémico (LES) es una enfermedad muy prevalente, con entre 20-150 casos por cada 100 000 habitantes de media, siendo 10 veces más común en mujeres. Es una enfermedad crónica y puede afectar prácticamente a cualquier órgano, puesto que el ataque autoinmune, con autoanticuerpos, va dirigido al propio ADN y sus proteínas relacionadas, en cualquier célula. Los órganos y tejidos más afectados suelen ser los riñones, pulmones, las articulaciones, piel y hasta el cerebro.

El equipo valoró hasta cinco proteínas del virus y su interacción con el genoma de los linfocitos B. Una de las proteínas candidatas a afectar más seriamente la salud fue la conocida como Antígeno Nuclear 2 del Virus Epstein-Barr (EBNA2). Tanto es así, que esta proteína viral, EBNA2, podría estar implicada en el riesgo a padecer hasta otras seis enfermedades autoinmunes —además de la EM, la artritis reumatoide o la diabetes tipo 1, entre otras—.

En cualquier caso, no todos los expertos en virología o genética lo tienen claro. Hasta ahora, la relación encontrada, aunque se haya publicado en una de las mejores revistas científicas del mundo, se basa en conjuntos de datos masivos, no en fenómenos contrastados en biología. Al igual que aquella famosa frase «*show me the money*», algunos inmunólogos expertos en enfermedades autoinmunes piden a los autores que muestren las interacciones directamente junto a los efectos biológicos, no como una conjetura por análisis computacional.

Sea como fuere, y como me decía una buena amiga mía, «amaneciendo un nuevo día renace una nueva esperanza» o, lo que es lo mismo, si estos datos se confirmaran, cualquier posible tratamiento contra el virus —con una futura vacuna incluida—, podría incidir muy positivamente en la prevención de algunas de estas patologías asociadas tan conocidas, pero tan difíciles de gestionar, de manera similar a como hoy prevenimos el cáncer de cuello de útero con la vacuna contra el virus del papiloma.

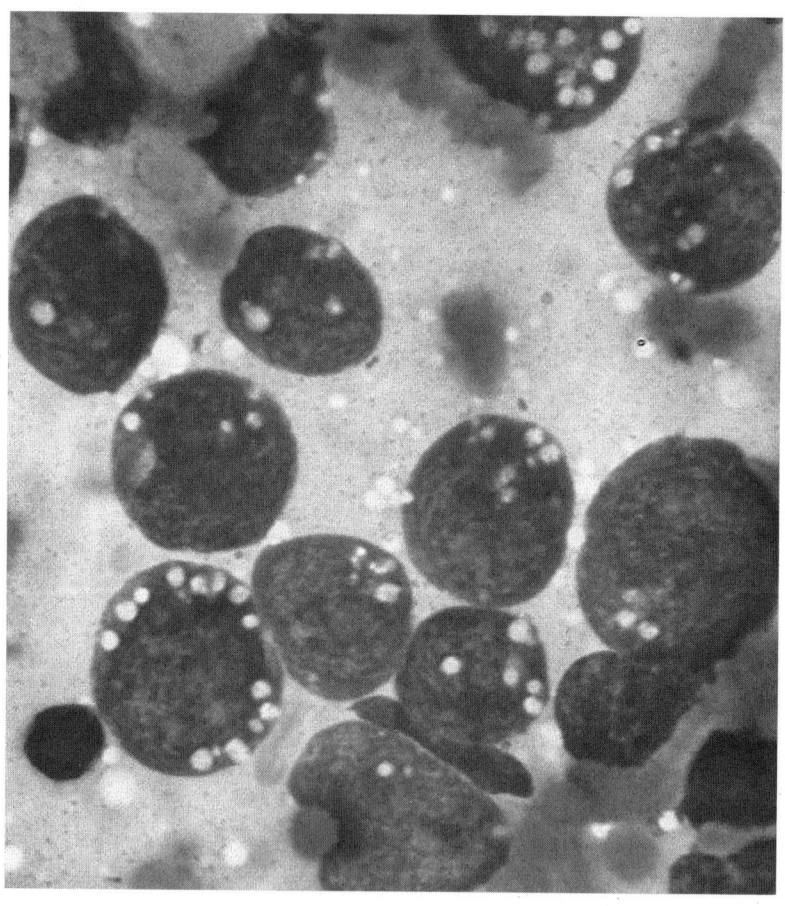

Preparación por contacto de un linfoma de Burkitt, teñida con Wright. Esta técnica permite observar las características citológicas del tumor, como la alta densidad de linfocitos y el patrón en cielo estrellado [Ed Uthman].

SER CELÍACO POR LA ACCIÓN DE UN VIRUS

La enfermedad celíaca es una patología autoinmune —que afecta al uno por ciento de la población mundial— donde, como ocurre en cualquier autoinmunidad, se desencadena una respuesta de nuestro propio sistema inmunitario contra, principalmente, el intestino delgado. Aunque prácticamente de ninguna enfermedad autoinmune se conoce la causa última que la desencadena, en el caso de la celiaquía, al menos, sí se sabe que el desencadenante son ciertas proteínas presentes en el gluten; las gliadinas. El gluten está presente en el trigo, cebada o centeno, entre otros cereales. Eso sí, el proceso molecular que lleva a nuestro organismo a despistarse y atacar nuestra propia mucosa intestinal sigue sin aclararse. Como siempre ocurre con cualquier manifestación autoinmune, no existe un único factor implicado en que unos seamos celíacos y otros no.

Factores genéticos y ambientales, incluyendo a factores biológicos, juegan, indudablemente, un importante papel. Un trabajo publicado en *Science* llevado a cabo por varias instituciones estadounidenses pone en el punto de mira como posible desencadenante de la celiaquía a un virus común que, aparentemente, no es excesivamente virulento. Me estoy refiriendo a un Reovirus, un patógeno implicado en problemas respiratorios y gastrointestinales leves. Experimentos en ratones han demostrado que una infección intestinal leve producida por reovirus puede inducir una respuesta del sistema inmunitario cruzada contra el gluten y, por ello, llevar a un estado análogo a la celiaquía en humanos. Claro está, como en cualquier artículo científico, los autores se han dejado llevar por su entusiasmo hasta el punto de proponer, quizás en un futuro, el abordaje contra la celiaquía a través de posibles vacunas contra los reovirus; por soñar...

Además de en la celiaquía, desde la Universidad de Chicago participante en el trabajo sugieren también la implicación de estos virus en la inducción y desarrollo de otras patologías autoinmunes como la diabetes. Cuando a los ratones se les infectaba con varias cepas de reovirus específicos de su especie, la respuesta inmune desencadenada parecía normal; sin embargo, con un reovirus humano, la situación cambiaba, induciendo una reacción inflamatoria más perjudicial que la propia infección, perdiéndose la tolerancia al gluten. Estudios preliminares en humanos —han pasado varios años de este estudio y no parece haberse avanzado mucho en el tema— parecen mostrar más anticuerpos contra reovirus en personas celíacas que en controles sin la autoinmunidad.

¿Cuál es una de las teorías actualmente más populares en cuanto a la inducción de la autoinmunidad y que podría aplicarse a la celiaquía? El mimetismo molecular: algunos patógenos pueden tener proteínas, o fragmentos de estas —lo que técnicamente conocemos como antígenos— que molecularmente

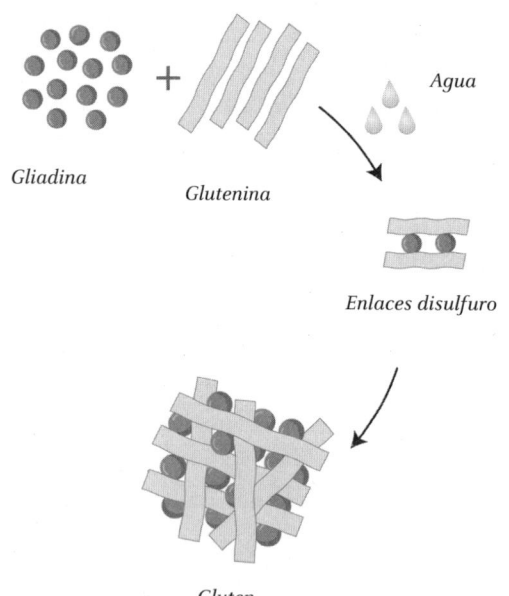

la estructura de red (malla) del gluten resultante de la combinación de moléculas de gliadina y glutenina en presencia de agua. La interacción entre estas proteínas incluye la formación de enlaces disulfuro [Ph-HY/Shutterstock].

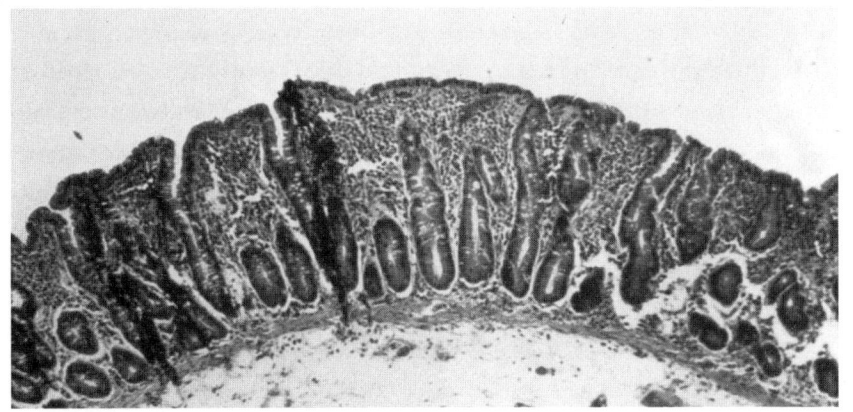

Enteropatía inducida por gluten donde se observan las vellosidades intestinales [CDC].

se parezcan a proteínas o antígenos propios. Una posible infección por estos patógenos —un reovirus, por ejemplo—, podría despistar a un sistema inmune inmaduro o con connotaciones genéticas específicas y llevarle a confundir la proteína del patógeno con la propia, atacando a tejidos sanos del propio individuo y desencadenando la respuesta autoinmune.

Lo importante es que en esta y cualquier otra enfermedad autoinmune podamos clarificar el mecanismo molecular que la desencadena. De este modo, la prevención, diagnóstico precoz y, con ello, los tratamientos más precisos y efectivos, estarán muchos pasos más cerca.

COMPORTAMIENTO COOPERATIVO ENTRE VIRUS

Cuando hablamos de comunidades, tenemos conceptos relativamente claros. La humana, con todas sus complejidades, podría representar el ejemplo más sofisticado de interacción social para un beneficio común. Por supuesto, más allá de nuestra perspectiva antropocéntrica, existen también comunidades extraordinariamente complejas, como las de hormigas o termitas; incluso, fuera del reino animal, las plantas establecen asociaciones mutuamente beneficiosas con hongos, bacterias o insectos. Sin embargo, y aquí radica la novedad de la investigación que comentaré a continuación, cuando pensamos en virus, tradicionalmente los hemos concebido desde el individualismo, como entidades que, parafraseando a Julio César, «*Veni, Vidi, Vici*» (Llegué, Vi, Vencí) o, trasladado al contexto viral, «Llegué, Repliqué, me Multipliqué».

Se conocen virus dependientes de otros virus para infectar, como algunos parvovirus y virus hepatotrópicos, pero la noción de colectividad o comunidad vírica parecía limitarse a estas interacciones básicas... ¡hasta ahora! Un trabajo publicado en *Nature Microbiology* desarrollado principalmente con el Virus de la Estomatitis Vesicular, un virus de la familia *Rhabdoviridae* que no incluye a los humanos entre sus hospedadores, concluye que algunos virus pueden comportarse de manera cooperativa para evadir al sistema inmunitario.

Los investigadores, entre los que se encuentra la experta en bacteriófagos Pilar Domingo-Calap, del Instituto de Biología Integrativa de Sistemas, centro mixto de la Universidad de Valencia y el CSIC, proponen un modelo de evolución social que permite estudiar cómo la selección natural actúa para obtener las variantes de los virus capaces de evadir la respuesta inmune, o al menos intentarlo, bloqueando la acción del Interferón, uno de los mecanismos antivirales mejor orquestados dentro de la inmunidad innata.

Según este estudio, los virus no solo habrían evolucionado para evitar la activación inmune, sino que simultáneamente permitirían la adaptación de otros miembros de la población viral; es decir, manifestarían una forma de comportamiento cooperativo. Los autores concluyen que las interacciones entre los virus serían de vital importancia para la evolución integral de las diferentes variantes virales, lo que representaría un proceso social; y todo ello, ¡sin ser considerados seres vivos!

Los trabajos se llevaron a cabo en ratones, cultivos celulares y, adicionalmente, mediante programas de modelización computacional para realizar las simulaciones de sistemas complejos a través de algoritmos matemáticos. De aquí a imaginar virus formando organizaciones complejas hay un largo trecho —esto último es una apreciación personal—. Los autores se limitan a describir comportamientos cooperativos y relaciones complejas virus-virus, lo que ya representa un cambio significativo en nuestra comprensión de estos agentes biológicos.

¡PON UN VIRUS EN TU VIDA!

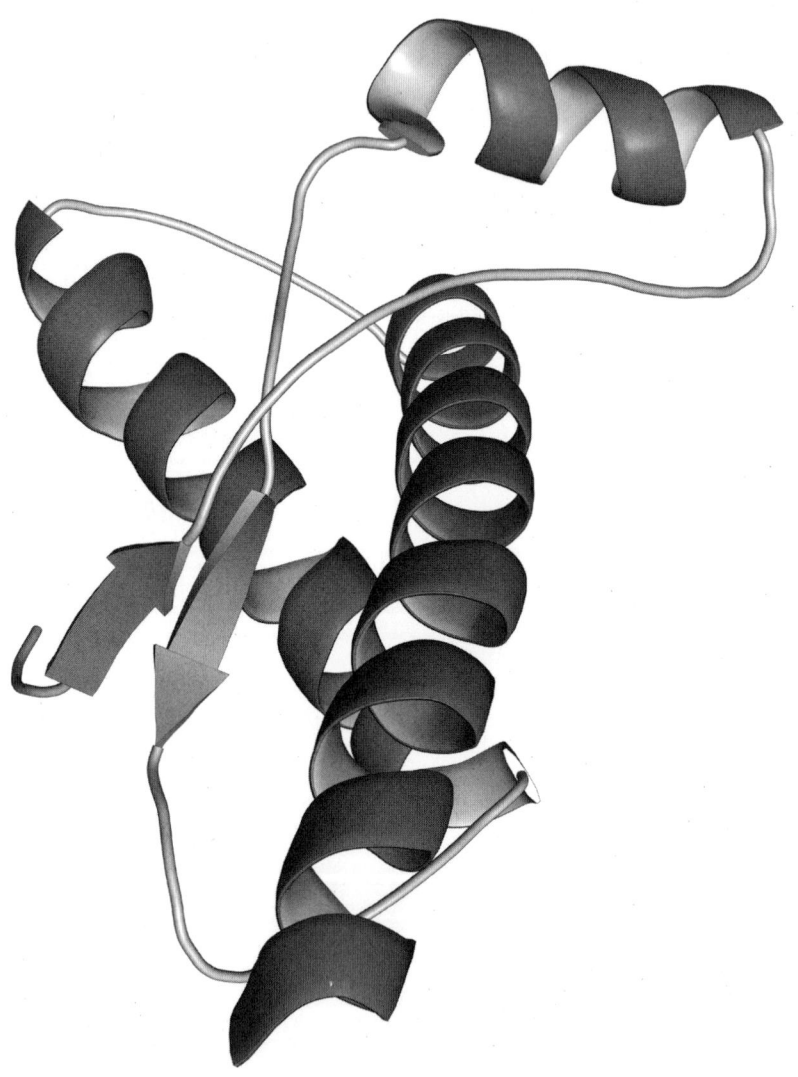

Estructura tridimensional de la forma normal de la proteína priónica humana (PrPᶜ). Esta conformación es rica en hélices alfa y corresponde a la versión funcional de la proteína. En ciertas condiciones, puede transformarse en una variante mal plegada (PrPˢᶜ), rica en láminas beta, que se acumula en el cerebro y está implicada en enfermedades como el kuru, la encefalopatía espongiforme bovina y la enfermedad de Creutzfeldt-Jakob [Studio Molekuul/ Shutterstock].

EVOLUCIÓN RECÍPROCA: VIRUS Y HOSPEDADORES

Como señala Richard Dawkins (1941), biólogo evolutivo y divulgador científico británico nacido en Nairobi, en su obra fundamental *El gen egoísta*, los genes son moléculas que luchan por sobrevivir, adaptarse, evolucionar, perpetuarse y expandirse. Para este propósito, han desarrollado numerosas formas de división, desde la asexual —más simple y con menor capacidad evolutiva— hasta la sexual de los organismos superiores, incluida nuestra especie.

Uno de los vehículos evolutivamente más simples que estos genes han utilizado son los virus. Estas estructuras varían desde unos pocos nanómetros hasta más de una micra, siendo algunos visibles al microscopio óptico. Existen estructuras infecciosas aún más simples: los viroides, pequeñas secuencias de ARN de apenas cientos de nucleótidos —mientras que cada célula humana contiene más de 3000 millones— capaces de devastar cultivos; o los priones, proteínas con conformación aberrante muy resistentes a detergentes. Estos últimos causan enfermedades como la encefalopatía espongiforme bovina y el scrapie en animales, o el insomnio familiar fatal y la enfermedad de Creutzfeldt-Jakob, ambas mortales, en humanos.

En el extremo opuesto del espectro evolutivo de la virosfera —el universo de los virus— encontramos los virus gigantes (*girus* o *giant viruses*), organismos más grandes que algunas bacterias pequeñas pero que, sin embargo, carecen de metabolismo propio. No son autónomos sino patógenos intracelulares

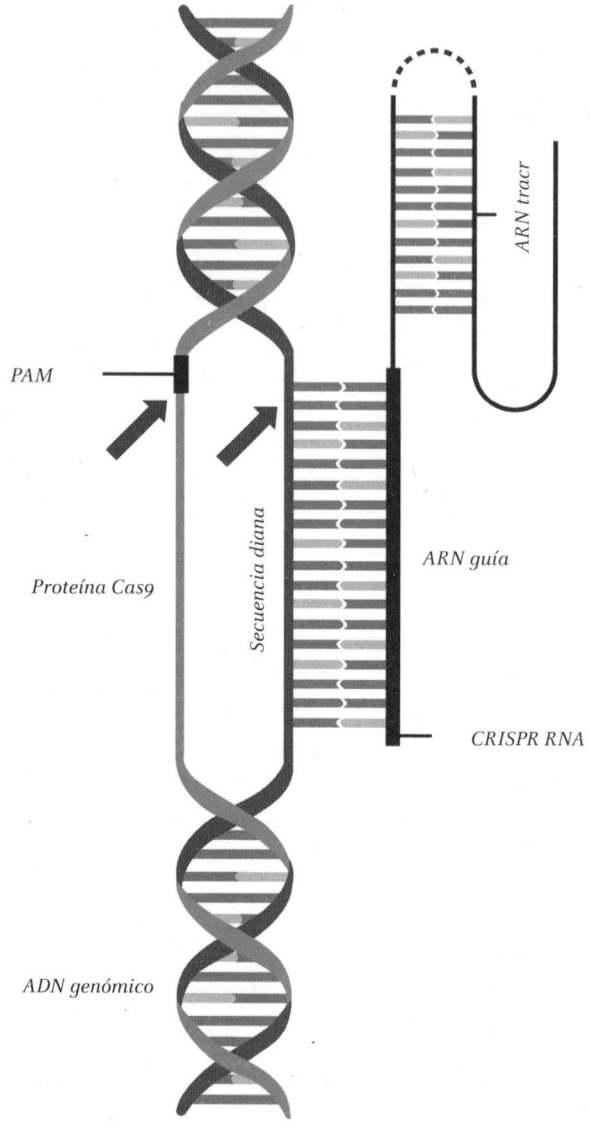

El término CRISPR fue acuñado por el profesor alicantino Francisco Martínez Mojica (1963) al estudiar organismos unicelulares extremófilos. Posteriormente, este descubrimiento se aplicó biotecnológicamente para modificar de forma rápida y sencilla cualquier organismo —edición de genes—. En el esquema simplificado se muestra el CRISPR-Cas9, un sistema de edición genética que permite modificar secuencias específicas de ADN con precisión. Funciona mediante un ARN guía, que se diseña para reconocer la secuencia diana en el genoma, y la proteína Cas9, que actúa como tijeras moleculares cortando el ADN en ese punto. Junto al ARN tracr, que estabiliza el complejo, este sistema puede desactivar, reparar o alterar genes con aplicaciones en medicina, agricultura e investigación biotecnológica [Mari-Leaf/Shutterstock].

obligados y, por tanto, no se consideran seres vivos. Estos virus gigantes son tan complejos que pueden ser infectados por otros virus más pequeños denominados virófagos. Incluso poseen su propio sistema de defensa antiviral similar al CRISPR bacteriano, mediante el cual reconocen virus infecciosos y degradan su genoma.

El término CRISPR fue acuñado por el profesor alicantino Francisco Martínez Mojica (1963) al estudiar organismos unicelulares extremófilos. Posteriormente, este descubrimiento se aplicó biotecnológicamente para modificar de forma rápida y sencilla cualquier organismo —edición de genes—, lo que supuso un premio Princesa de Asturias y un Nobel en el que, lamentablemente, no figuró nuestro científico.

Estos virus gigantes infectan principalmente amebas y otros organismos simples. En principio, no se han documentado patologías humanas causadas por ellos, aunque algunos miembros del género *mimivirus* han aparecido en publicaciones científicas asociados a neumonías —cuestión que, al momento de escribir este libro, sigue abierta—. Estudios recientes señalan la importancia de estos *giant viruses* en la evolución de la vida primitiva, tema investigado en el parque nacional de Yellowstone, como veremos más adelante.

Como se ha indicado, los virus no son verdaderos seres vivos. Poseen genoma, pueden evolucionar, adaptarse, expandirse y causar efectos biológicos en sus hospedadores, pero carecen de la capacidad para capturar y almacenar energía libre y ser funcionalmente activos fuera de su célula huésped; es decir, no tienen metabolismo. Esta característica, sin embargo, no ha limitado su éxito evolutivo.

A diferencia de los organismos vivos, los virus pueden tener como material genético moléculas tanto de ADN —como las nuestras— como de ARN, simples o de doble cadena, lineales, circulares o segmentadas. Representan el máximo exponente de la teoría de Dawkins sobre la evolución de genes. Se considera que en el caldo primigenio propuesto por Aleksandr Oparin (1894-1980), aquella sopa donde pudo surgir la vida hace más de 3600 millones de años, se formaron moléculas orgánicas progresi-

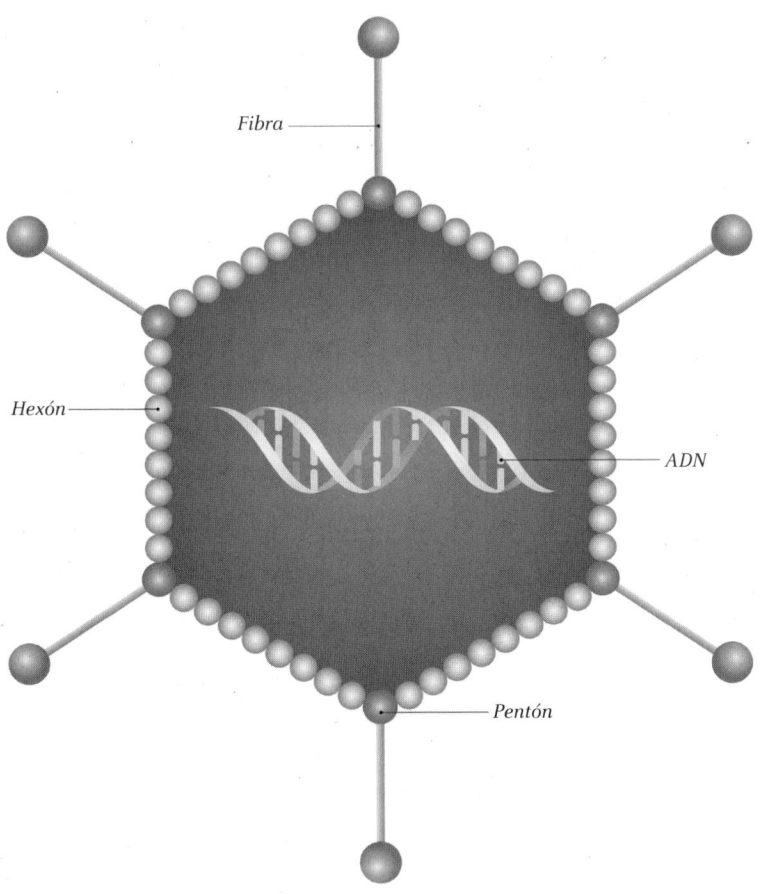

Fibra

Hexón

ADN

Pentón

Como se ha indicado, los virus no son verdaderos seres vivos. Poseen genoma, pueden evolucionar, adaptarse, expandirse y causar efectos biológicos en sus hospedadores, pero carecen de la capacidad para capturar y almacenar energía libre y ser funcionalmente activos fuera de su célula huésped; es decir, no tienen metabolismo. Esquema estructural de un adenovirus. Se observa su cápside icosaédrica formada por hexones y pentones, las fibras proteicas que facilitan la unión a células hospedadoras, y el núcleo de ADN viral [Twinkle picture/Shutterstock].

vamente más complejas antes de constituirse la primera célula independiente. Según una de las teorías sobre el origen viral, algunas de esas moléculas, probablemente de ARN, adquirieron la capacidad de autorreplicarse, fenómeno no sorprendente considerando que hoy siguen existiendo enzimas basadas en esta molécula —las ribozimas—. El posterior desarrollo de los diversos virus de ARN o ADN permanece en el terreno especulativo.

Los virus han colonizado todos los ecosistemas biológicos: bacterias, arqueas, protistas, hongos, plantas, animales e incluso otros virus. El motor de esta versatilidad reside en su capacidad de mutar en cada división —fenómeno que aprendimos durante la pandemia de coronavirus—. El ADN viral muta considerablemente más que el de los organismos vivos, pero esta tasa palidece comparada con la de los virus de ARN, que pueden incorporar un error por cada 1000 o 10 000 nucleótidos de su genoma, algo inconcebible en nuestra especie. Mutan con tal frecuencia que en muchos casos no hablamos de especies propiamente dichas, sino de cuasiespecies: nubes de secuencias diversas con múltiples mutaciones alrededor de una secuencia consenso.

Esta extraordinaria capacidad de mutación tiene dos consecuencias fundamentales. Por un lado, les confiere gran adaptabilidad al entorno, permitiéndoles resistir nuestros intentos de erradicarlos con antivirales. Es necesario emplear simultáneamente diversos compuestos —cócteles— capaces de atacar diferentes etapas del ciclo viral —entrada, replicación o maduración, entre otras— para combatirlos eficazmente. El uso de un único antiviral, como ocurrió inicialmente con el VIH, inevitablemente genera resistencia. El mayor logro médico contra infecciones virales —sin considerar vacunas— es la nueva generación de antivirales contra la hepatitis C (HCV), medicamentos que bloquean simultáneamente la polimerasa y proteasa del virus.

Por otro lado, una tasa de mutación extrema puede comprometer la viabilidad viral. La progenie generada puede perder infectividad. Cuanto más complejo y grande es un virus de ARN, más mutaciones acumula. Se estima que a partir de 20 000 nucleótidos genómicos, un virus deja de ser funcional. Sin embargo, el SARS-COV-2 posee 30 000 nucleótidos. ¿Cómo es posible? La respuesta está en una adaptación crucial: el virus incorporó hace miles de años una enzima denominada exonucleasa procedente de una célula infectada. Esta enzima corrige errores durante la replicación del genoma viral, aunque no con 100 % de eficacia —de ser así, el virus no habría evolucionado ni saltado del murciélago a nuestra especie, pasando por el pangolín—. El coronavirus muta lo suficiente para sobrevivir, adaptarse y expandirse, pero no tanto como para comprometer su viabilidad.

Como hemos visto, «la vida se abre camino». Y en el caso de los virus, también la no-vida encuentra su forma de prosperar. Hablamos de adaptación, de evolución, y en ese proceso participamos todos los organismos. Los virus mutan, las células mutan, nosotros también mutamos. Existen diversos mecanismos que favorecen la expansión viral hasta convertirlos en patógenos emergentes o reemergentes, como veremos próximamente. Sin embargo, esta evolución no necesariamente constituye una catástrofe. De hecho, la evolución viral —cuando no causa devastación— ha sido crucial para la vida tal como la conocemos. Según nuevas teorías, ha sido fundamental para la aparición de los mamíferos y el desarrollo de la placenta. Por tanto, antes de desear la erradicación de todos los virus del planeta —que representan hasta 200 millones de toneladas de carbono—, sin discriminar entre perjudiciales y beneficiosos, consideremos que posiblemente seamos mamíferos placentarios gracias a ellos.

EMERGENCIA Y REEMERGENCIA

MUTACIONES VIRALES: EL MOTOR
DE LA ADAPTABILIDAD

Cuando pensamos en virus, lo primero que suele venir a nuestra mente son las enfermedades de reciente aparición o reaparición. No asociamos estos agentes biológicos con el desarrollo de placentas o con fenómenos evolutivos de hace miles de millones de años. En cambio, pensamos en coronavirus, viruela símica, ébola, zika, H5N1, chikungunya, junin, machupo, guaranito, virus del Nilo Occidental, Crimea-Congo, Nipah y tantos otros. Virus que emergieron como patógenos en nuestra especie en periodos relativamente breves o de los que tuvimos noticias cuando un brote trascendió su ecosistema original. Agentes patógenos de los que oímos hablar por primera vez, que reaparecieron en regiones donde creíamos haberlos erradicado, o que abandonaron su hábitat habitual para expandirse y manifestarse en otras latitudes, incrementando su capacidad adaptativa —conocida como *fitness* en terminología técnica—. Estamos refiriéndonos a virus emergentes o reemergentes. ¿Cuáles son las causas subyacentes a este fenómeno preocupante? Son múltiples y, en muchos casos, evitables.

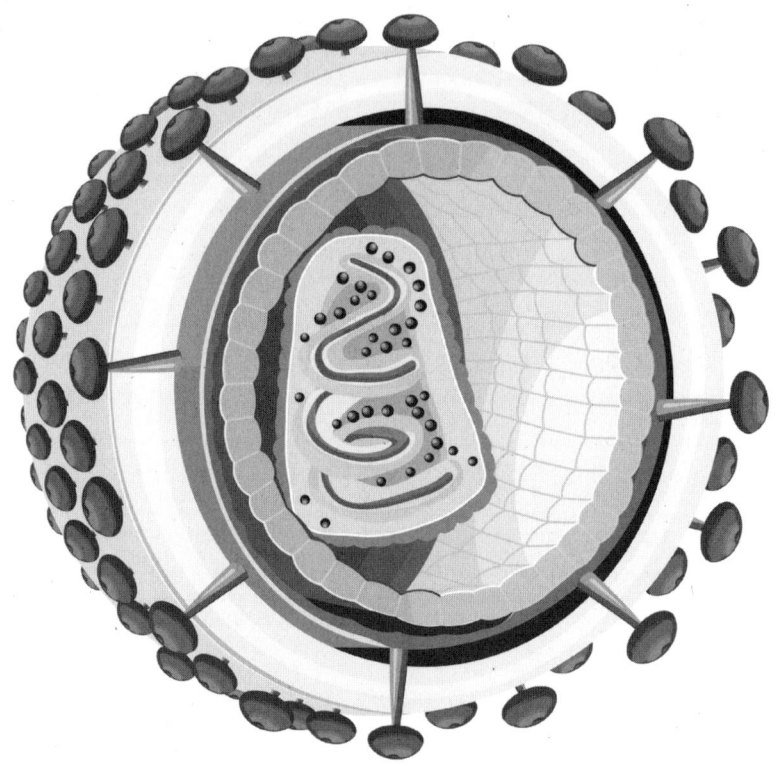

Morfología ultraestructural del virus de la inmunodeficiencia humana (VIH). Se observan sus componentes clave: envoltura viral (glicoproteínas gp120/gp41), cápside cónica (proteína p24) y material genético (ARN viral junto a las enzimas transcriptasa inversa, integrasa y proteasa) [Álvaro Cabrera Jiménez/Shutterstock].

Quizás la principal causa de aparición de nuevos virus en nuestra especie o de su adaptación a nuevos entornos sea intrínseca a su propia naturaleza viral: las mutaciones que se acumulan en su genoma durante los procesos de replicación. Evolución y presión selectiva siguiendo los principios darwinianos. Se multiplicarán los más adaptados a un nuevo entorno, los más resistentes a nuestros mecanismos de defensa, ya sea a través de nuestro sistema inmunitario o mediante compuestos antivirales. Como he mencionado previamente, cada vez que un virión —la partícula física cuando nos referimos a un virus— multiplica su ADN o, con mayor incidencia, su ARN, comete errores que pueden oscilar desde uno (un nucleótido erróneo) por cada millón de incorporaciones a la cadena naciente hasta uno por cada mil, algo inconcebible en organismos superiores.

Ciertamente, muchas de estas mutaciones generan partículas no viables. Ahí terminaría la evolución de ese virión específico; pero hablamos de virus, de progenies de miles de partículas por célula infectada, de forma que un porcentaje de solo un 1 % de descendencia infectiva ya representa un éxito evolutivo. Cuando utilizamos un antiviral efectivo, como los primeros empleados contra el VIH (Zidovudina, Azidotimidina o AZT), la Rivabirina usada contra diversos virus u otros muchos conocidos durante la última pandemia, pueden llegar a tener una efectividad de hasta el 99 %; sin embargo, ese 1 % de virus resistente acabará generando una nueva estirpe y, con ella, la pérdida de eficacia del medicamento.

Ya mencioné el concepto de cuasiespecie cuando nos referimos a los virus, ese concepto flexible de especie que engloba múltiples secuencias genéticas que definen a un virus particular. Los virus son, por ello, paradigmas de adaptabilidad, variabilidad, evolución y supervivencia. Para no ser considerados seres vivos, presentan capacidades extraordinarias. Solo mediante el ataque a múltiples fases del ciclo viral podemos aspirar al éxito en la eliminación total, algo en lo que los nuevos tratamientos contra la hepatitis C representarían una excepción notable, así como los antirretrovirales combinados.

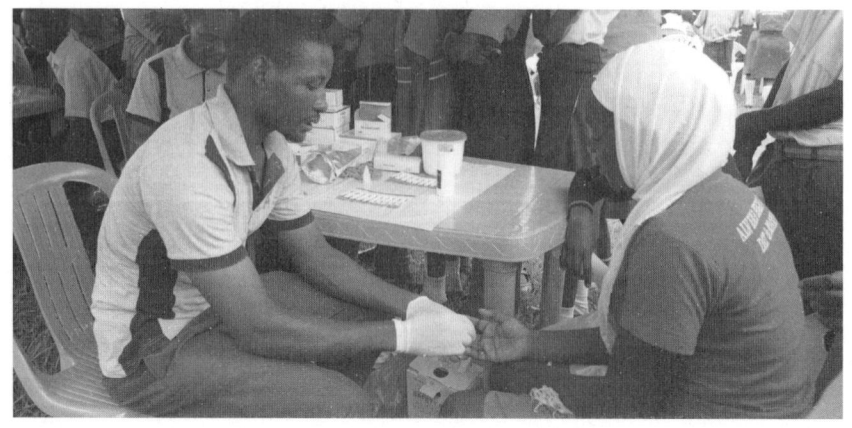

Nkokonjeru, Uganda, un enfermero realiza un test de sida [Adam Jan Figel/Shutterstock].

Por desgracia, en el caso del VIH, debido a su capacidad para infectar precisamente las células que deben combatirlo, integrándose en el genoma celular o permaneciendo en reservorios inaccesibles para el sistema inmune, como el sistema nervioso central, la eliminación completa, actualmente, resulta inviable. No obstante, permite una vida prácticamente normal a los pacientes crónicamente infectados, requiriendo cada vez menos medicación y más espaciada. Por lo tanto, como consecuencia de esa excepcional capacidad viral para mutar y generar nuevas variantes genéticas, tenemos organismos que pueden ampliar sus nichos ecológicos.

Hace más de una década, EE. UU. limitó la publicación de varios estudios donde se describían las cuatro o cinco mutaciones que el virus de la gripe aviaria H5N1 necesitaba para transferirse de las aves a un mamífero; específicamente, de gallinas a hurones experimentales —animales muy susceptibles a nuestros virus gripales—. Los artículos iban a aparecer en *Science* y *Nature*, pero finalmente los autores aceptaron una forma de autocensura para evitar, según argumentaban, que dicha información pudiera ser utilizada con fines bioterroristas. En aquel momento, el H5N1 presentaba una letalidad en sus infecciones esporádicas a humanos superior al 30 %, una cifra extraordinariamente elevada (el SARS-COV-2 no alcanzaba el 1 %).

Sin embargo, la naturaleza no entiende de bioterrorismo, censuras ni fronteras. El virus de la gripe aviaria ya ha infectado a mamíferos. Miles de visones o leones marinos han sido los primeros afectados documentados en medios de comunicación. Incluso, según un estudio realizado por mi compañero del CBMSO, en el campus de la UAM, Antonio Alcamí, el H5N1 ya estaría presente en la Antártida. No ha necesitado filtración de información clasificada. El virus ha ido desarrollando progresivamente esas mutaciones que le permiten ampliar su rango de hospedadores. Las interrogantes actuales son: ¿cuándo adquirirá capacidad plena de transmisión entre humanos?; cuando eso ocurra, ¿habrá perdido virulencia, siendo más compatible con nuestra supervivencia? ¿Nos convertiremos en su hospedador preferente o seremos simplemente un reservorio intermedio?

A lo largo del siglo XX y lo que llevamos del XXI, se han producido múltiples brotes, epidemias o pandemias virales. La mayoría, aunque de alcance global, han pasado relativamente desapercibidas para la población general gracias a que sus efectos no fueron catastróficos. Ahí tenemos a varios coronavirus, por ejemplo. Dejando aparte los SARS (COV-1 y el reciente COV-2) o el MERS (SARS de Oriente Medio), varias especies de coronavirus catarrales, como el 229E, NL63, OC43 o HKU1 fueron identificadas y caracterizadas como virus respiratorios estacionales presentes en humanos durante la temporada invernal. Sin embargo, otras especies virales no resultaron tan moderadas en su impacto. En 1918, coincidiendo con el final de la Primera Guerra Mundial, la incorrectamente denominada gripe española H1N1 hizo su aparición causando más muertes que el propio conflicto bélico (según algunas fuentes, este virus gripal causó más fallecimientos que las dos guerras mundiales del siglo XX).

Esta denominación resultó injusta, ya que se originó por ser España, en aquel periodo, un país neutral y el primero en informar en sus medios de comunicación sobre lo que estaba ocurriendo con esta pandemia en Europa. Naturalmente, a pocos países aliados les interesaba divulgar el posible origen del virus a través de soldados norteamericanos llegados a nuestro continente.

El virus de la gripe posee dos mecanismos para generar nuevas variantes: La denominada deriva genética mencionada anteriormente, es decir, mutaciones progresivas durante su multiplicación, o el conocido como «salto genético», consecuencia de tener su genoma fragmentado en hasta ocho segmentos. Si dos virus diferentes coinciden en un mismo hospedador, como el cerdo, pueden intercambiar sus segmentos genómicos para generar un virus híbrido entre los dos progenitores. Estos cambios significativos en su genoma suelen ser responsables de las grandes pandemias gripales, algo que, según los expertos, ocurre aproximadamente cada 30 años. No obstante, la gripe de 1918 (H1N1) no se produjo por uno de estos saltos genéticos (*Shift*), sino por mutación progresiva (*Drift*) desde un virus aviar hasta el humano. Según algunas hipótesis, el inicio pudo ser el contagio de un trabajador chino que viajó a EE. UU. para trabajar en el ferrocarril cerca de un acuartelamiento militar donde los soldados se preparaban para venir a Europa.

Otra de las pandemias destacadas del siglo XX emergió a principios de los ochenta. Hasta el momento, más de 40 millones de personas han fallecido y una cifra similar vive con la infección. Me refiero, evidentemente, al VIH, el Virus del SIDA. No está definitivamente establecido cuándo ni cómo se transmitió de simios (chimpancés y gorilas) a nuestra especie. Se sabe que, con alta probabilidad, esto ocurrió décadas antes de la eclosión de casos a lo largo de los años ochenta. También parece confirmado que la zoonosis definitiva a nuestra especie se produjo en varias oleadas, generando los dos tipos principales: VIH-1 y VIH-2.

No pretendo elaborar un tratado sobre esta familia viral; existen numerosas obras al respecto. Sin embargo, es relevante señalar que el responsable de la pandemia global que afrontamos desde los años 80 del siglo pasado es el VIH-1. El VIH-2 está filogenéticamente más próximo al virus de simios (SIV), lo que sugiere que su salto a nuestra especie se produjo posteriormente al VIH-1. Ambos virus comparten entre un 40 % y un 50 % de homología genética y, en cierta medida, una organización y ciclo viral similar, aunque el VIH-2 es menos transmisible, menos patogénico, y está principalmente circunscrito a zonas de África Occidental.

SOBRE EL SARS-COV-2

Actualmente, podría argumentarse que los habitantes de nuestro planeta se dividen en dos categorías: quienes han sido infectados por SARS-COV-2 y quienes todavía no son conscientes de haberlo estado. Aunque esta afirmación pueda parecer hiperbólica, resulta cada vez más difícil encontrar personas que efectivamente no se hayan infectado, aunque comprobarlo con certeza resulta complejo.

A principios de 2020 comenzó lo que podríamos denominar la gran crisis sanitaria del nuevo milenio. Numerosos hitos históricos se produjeron a partir de entonces, como el confinamiento de gran parte de la población mundial, la caracterización del virus en tiempo récord, con miles de publicaciones científicas, y el desarrollo no de una, sino de múltiples vacunas contra el patógeno en un plazo anteriormente inconcebible: menos de 350 días.

A pesar de las dudas sembradas sobre diversos aspectos de la pandemia, lo confirmado científicamente es que el virus, antes de establecerse en nuestra especie, evolucionó inicialmente en murciélagos frugívoros. Posteriormente, y antes de infectar humanos —como indican las diferencias filogenéticas—, el virus tuvo un hospedador intermediario; un mamífero reservorio donde continuó mutando y adaptándose hasta que, muy probablemente, en varios mercados húmedos de Wuhan, China, se produjo el salto entre especies.

La identificación de ese intermediario animal generó considerable interés tanto en círculos científicos como en medios de comunicación. Uno de los candidatos que despertó mayor atención fue el pangolín, un folidoto (cubierto de escamas) muy cotizado en el comercio ilegal de fauna salvaje. Sin embargo, aunque se descubrieron en estos animales coronavirus muy similares al SARS-COV-2, la distancia genética con el virus pandémico lo descartaba como intermediario directo.

Hay que señalar que estamos hablando de diferencias genéticas incluso inferiores al uno por ciento. Para contextualizar lo

Perro mapache *Nyctereutes procyonoides* [Miroslav Hlavko/Shutterstock].

que esto representa, nuestra similitud genética con un ratón de laboratorio es aproximadamente del 99 %.

Finalmente, con una coincidencia de secuencia del 99,996 %, el candidato más probable como reservorio intermediario ha sido el mapache chino o perro mapache (*Nyctereutes procyonoides*), un cánido de aspecto similar al mapache presente en Japón, Corea y China. Aunque la controversia sobre la trazabilidad completa del SARS-COV-2 desde el quiróptero hasta los humanos no está completamente resuelta, el análisis de estos perros mapaches ha estrechado considerablemente las posibilidades, según afirman los virólogos especializados en coronavirus del laboratorio dirigido por Luis Enjuanes (Centro Nacional de Biotecnología, CSIC, Madrid).

Desde una perspectiva virológica y epidemiológica, tanto el coronavirus causante de la COVID-19 como los demás miembros de su familia *Coronaviridae* continúan evolucionando, adaptándose progresivamente a nuestra especie; afortunadamente, en la dirección previsible: mejorando su capacidad de transmisión —lo que no constituye una buena noticia— a expensas de reducir su virulencia. Esto resulta coherente desde un punto de vista evolutivo; al virus, como a cualquier otro parásito, le resulta contraproducente eliminar a su hospedador.

El virus de la gripe de 1918, tras causar decenas de millones de fallecimientos en un par de temporadas, acabó adaptándose a nuestra especie hasta el punto de que actualmente es un virus estacional, contra el que las personas vulnerables pueden vacunarse anualmente. De manera similar, el SARS-COV-2 se ha transformado, según los especialistas, en un virus menos virulento per cápita, es decir, considerando el promedio de cada posible infectado, que el propio virus de la gripe A.

No obstante, resulta aconsejable mantener las prácticas preventivas que se implementaron durante la pandemia: higiene adecuada, ventilación, teletrabajo cuando sea viable y, en determinadas circunstancias, el uso de mascarillas. Este último aspecto continúa generando debate entre profesionales sanitarios, autoridades e incluso virólogos, pero como apreciación personal, mantengo la costumbre de llevar siempre una mascarilla disponible para utilizarla en entornos como el transporte público concurrido, espacios cerrados con ventilación deficiente o, especialmente, en centros sanitarios. Esta práctica, adoptada por la sociedad japonesa desde 1918, se ha incorporado a su cultura hasta el punto de que muchos jóvenes la utilizan habitualmente en el metro, considerándola incluso un complemento más de su indumentaria, como pude observar personalmente durante un congreso de virología al que asistí en 2014.

Finalmente, cabe mencionar otra consecuencia preocupante de la infección por SARS-COV-2 que continúa siendo objeto de investigación: la COVID persistente o «Long COVID». Numerosas personas infectadas, independientemente de su edad y de la sintomatología inicial, pueden experimentar meses después problemas musculares, debilitamiento o, incluso, alteraciones cognitivas —el fenómeno descrito como «niebla mental»—.

En este ámbito existen varias hipótesis, aunque todavía pocas certezas. Se ha propuesto un posible acantonamiento viral en determinados tejidos y órganos, similar a una infección crónica, aunque no tan evidente como la provocada por los virus de la hepatitis B o C; también se ha investigado la posibilidad de que el virus, a través del nervio olfativo, pueda acceder al sistema nervioso central, o que la propia infección produzca un desequilibrio inmunológico con liberación de determinadas moléculas, citoquinas, responsables de algunos síntomas posteriores a la fase aguda. Este fenómeno constituye actualmente uno de los aspectos de la infección por el coronavirus pandémico que más interés científico suscita.

Un dato esperanzador: según los profesionales médicos consultados, con las nuevas variantes del SARS-COV-2, los casos de COVID persistente son menos frecuentes y de menor gravedad. Progresivamente, este patógeno parece transformarse en una infección respiratoria estacional más.

EL PAPEL DE LOS VIAJES EN LA DISEMINACIÓN VIRAL

No soy un especialista en cetáceos, pero he estudiado que las ballenas realizan extensos desplazamientos, pudiendo recorrer miles de kilómetros anualmente de norte a sur durante sus migraciones, llegando a viajar más de 5000 kilómetros entre sus zonas de alimentación y reproducción, a pesar de que su velocidad media, cuando no persiguen presas, no suele superar los 10 km/h. Este ejemplo sirve para establecer una comparación con la extraordinaria capacidad de desplazamiento que ha desarrollado nuestra especie.

Partiendo de África, los humanos hemos colonizado prácticamente todas las regiones terrestres. En cualquier continente podemos encontrar representantes de nuestra especie, pudiendo circunnavegar el planeta en aproximadamente 30 horas, incluyendo escalas. Esta capacidad nos permite acceder a casi cualquier rincón del globo: montañas, glaciares, selvas, desiertos, playas o cuevas.

La inclusión de las cuevas en esta enumeración de posibles destinos no es arbitraria. Según los datos epidemiológicos, algunas infecciones de ébola se han originado en viajeros que han explorado cuevas del África Subsahariana, entrando en contacto con excrementos contaminados de murciélagos frugívoros, infectándose y posteriormente trasladando el patógeno a localidades distantes, hasta que han desarrollado síntomas y requerido hospitalización, potencialmente contagiando a otros pacientes o personal sanitario.

Aquí radica tanto la virtud de nuestra especie como el riesgo asociado. A modo ilustrativo, una persona que contrajera el virus del ébola durante una visita a una cueva profunda de República Democrática del Congo por la mañana, podría estar cenando con su familia, todavía asintomática, a miles de kilómetros de distancia. Aunque existen países donde se requieren vacunaciones específicas para garantizar mayor seguridad, no disponemos de

Vista aérea de un gran buque de carga [Sven Hansche/Shutterstock].

inmunizaciones ni protección preventiva frente a todos los posibles patógenos, especialmente aquellos aún desconocidos.

Otra comparación frecuentemente utilizada en la docencia de microbiología hace referencia a la transmisión de bacterias multirresistentes: un individuo que liberara al ambiente una de estas bacterias altamente resistentes a los antimicrobianos el primer día de un mes en Hong Kong, podría ver cómo ese microorganismo se diseminaría globalmente en menos de 30 días. De ahí la importancia de completar los tratamientos antibióticos según la prescripción médica y evitar su utilización indiscriminada, incluso contra infecciones virales no sensibles a estos fármacos.

Continuando con los virus, no solo existe la posibilidad de contactar con un nuevo patógeno y transportarlo como *souvenir* al hogar durante un viaje ocasional, sino que históricamente grandes poblaciones se han desplazado entre territorios por múltiples motivos. Frecuentemente, hemos colonizado áreas previamente inexploradas por nuestra especie, estableciendo asentamientos y entrando en contacto con la flora y fauna locales y, consecuentemente, con sus patógenos específicos; con los virus que utilizan a estas especies autóctonas como reservorios.

Como mencioné, los virus tienden a establecer un equilibrio con su hospedador habitual, particularmente con especies de roedores locales. Cuando los humanos interactuamos con estos vectores involuntarios, con sus excretas o sus secreciones, pueden generarse partículas o aerosoles con viriones infecciosos que pueden alcanzarnos. En estas circunstancias, pueden darse diversos escenarios: desde la ausencia de receptores adecuados para el virus (resultando inmunes a la infección), hasta convertirnos en hospedadores altamente susceptibles con elevadas tasas de morbimortalidad, al no haberse desarrollado un equilibrio adaptativo.

Algunas de estas infecciones están causadas por virus productores de fiebres hemorrágicas, principalmente del orden Bunyavirales, como la familia *Arenaviridae*. Entre ellos encontramos agentes como el virus Lassa (identificado en 1969), el virus Junin de Argentina (1958), el Machupo boliviano (1963), el Guanarito venezolano (1989) o el Sabia brasileño (1993), entre otros.

La taxonomía viral experimenta constantes actualizaciones. La antigua familia *Papovaviridae* se dividió hace años en papilomavirus (para los que actualmente disponemos de vacunas) y poliomavirus. Similarmente, la familia *Arenaviridae* quedó incorporada en un grupo más extenso, el orden Bunyavirales. Además de los arenavirus mencionados, este grupo incluye los hantavirus —familia *Hantaviridae*—, potencialmente muy virulentos causando manifestaciones hemorrágicas graves, o el denominado Virus Sin Nombre, descubierto en una localidad mexicana con esa denominación.

Estos dos jóvenes machos han sido descornados para protegerlos de los cazadores furtivos [Fiona Ayerst/Shutterstock].

FACTORES ADICIONALES DE EMERGENCIA
Y REEMERGENCIA VIRAL

Al analizar la adaptabilidad, expansión y evolución viral, resulta fundamental considerar las mutaciones, ya sean graduales (deriva genética) o abruptas (salto genético). También hemos examinado nuestra capacidad como especie para actuar como vectores, reservorios o transmisores involuntarios de diferentes virus. Sin embargo, existen otros factores que favorecen la aparición de un virus en regiones donde nunca ha estado presente o su reaparición en zonas de las que ya había sido erradicado.

Durante la pandemia se ha debatido extensamente sobre animales intermediarios, reservorios y, lamentablemente, también sobre tráfico ilegal de fauna por diversos propósitos: desde la caza furtiva de rinocerontes motivada por creencias infundadas de la medicina tradicional, hasta el comercio de pangolines por supuestas propiedades medicinales de sus escamas, la matanza de elefantes por el marfil o la caza de gorilas por distintos intereses. Paralelamente, existe el comercio de numerosas especies con fines ornamentales o, con mayor frecuencia en ciertas regiones del sudeste asiático, con fines gastronómicos. Esta última actividad fue, aparentemente, el origen de la zoonosis que comenzó, según los registros oficiales, en diciembre de 2019 en varios mercados húmedos de Wuhan, China.

Llevo dedicado a la divulgación científica más de 30 años, participando regularmente en medios de comunicación cuando surge alguna alerta biológica, principalmente virológica. Por ello, cuando en febrero de 2020 me entrevistaron en directo en un conocido programa televisivo de difusión nacional para comentar sobre los hábitos alimentarios en China y su posible relación con el inicio de la pandemia, nada hacía presagiar las graves consecuencias que esta zoonosis tendría para nuestra sociedad global pocos meses después. Debo reconocer que respondí con cierta ligereza a la dinámica del programa cuando, ante imágenes descontextualizadas, hice comentarios poco afortunados. Semanas después, la gravedad de la situación eliminó cualquier espacio para frivolidades.

El tráfico de animales constituye un elemento crucial en la propagación de pandemias, especialmente aquellas con origen zoonótico como la gripe A o el SARS-COV. El control riguroso del tráfico ilegal y una legislación más estricta que regule el comercio alimentario en determinados países resultan imperativos. Nos aproximamos a una población mundial de 10 000 millones de habitantes en un planeta con recursos limitados, siendo particularmente preocupante la distribución no homogénea de esta población. La concentración en núcleos urbanos con condiciones sanitarias deficientes y la ausencia de regulación adecuada del comercio de fauna conforman condiciones idóneas para la emergencia viral.

En este contexto, debemos considerar también el cambio climático. Las fluctuaciones térmicas, cada vez más extremas e impredecibles, con temperaturas récord verano tras verano, sequías, inundaciones, o las amenazas sobre las corrientes termohalinas que regulan el clima global definen un futuro incierto para las próximas generaciones si no implementamos medidas efectivas. Estas alteraciones en las temperaturas medias planetarias están expandiendo las zonas tropicales y subtropicales hacia latitudes más alejadas del ecuador, ampliando su influencia y, consecuentemente, la presencia de especies vegetales, animales y patógenos en regiones previamente más templadas.

El virus del Zika, un flavivirus transmitido principalmente por mosquitos del género *Aedes*, como el mosquito tigre —estudios recientes sugieren también una posible transmisión sexual—, comenzó su expansión hacia la Polinesia Francesa en 2014. Tras varios años de diseminación, el virus se estableció en el Caribe y América Central y del Sur, generando preocupación durante los Juegos Olímpicos de Brasil 2016, como se mencionó en capítulos anteriores. Este virus no produce manifestaciones graves en la mayoría de infectados, excepto en embarazadas, donde puede infectar al embrión durante su desarrollo, constituyendo una causa importante de microcefalia en neonatos.

El Zika se ha detectado en España, aunque hasta ahora no se ha confirmado transmisión endémica local, limitándose a casos importados por viajeros procedentes de zonas endémicas. No obstante, disponemos de condiciones propicias para la proliferación de, al menos, uno de sus vectores, además de la presencia de personas infectadas que podrían introducir el virus. La cuestión no es si Europa acabará experimentando sus propios brotes endémicos de Zika, sino cuándo sucederá.

Similar situación presenta otro virus relacionado, el Chikungunya, que comparte nicho ecológico con el Zika al utilizar el mismo mosquito vector. Tampoco se han registrado casos endémicos en España más allá de viajeros ocasionales. Sin embargo, el virus ya ha estado presente en Europa; concretamente en Francia e Italia, con algún brote identificado y controlado en 2017.

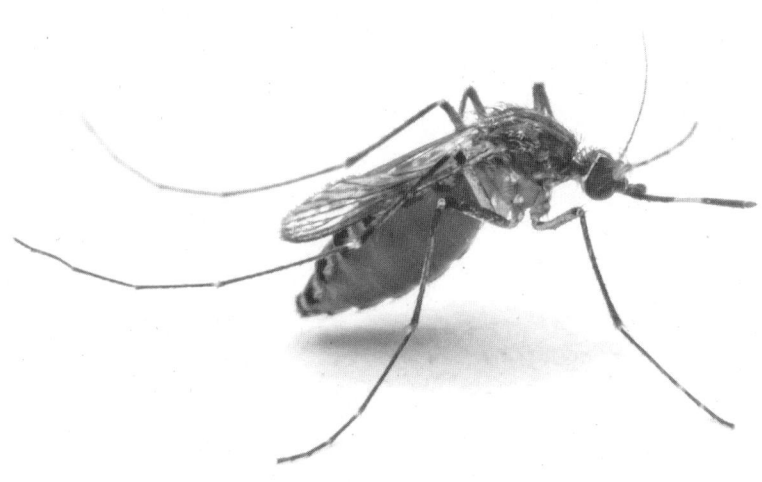

Aedes aegypti hembra después de alimentarse de sangre [Art Love Photo/Shutterstock].

Finalmente, otro ejemplo de virus tradicionalmente tropical que ya se considera endémico en el sur de Europa es el dengue, un agente que puede resultar muy peligroso provocando, en determinadas circunstancias, fiebre hemorrágica potencialmente mortal.

Un factor adicional en la reemergencia viral lo constituyen los movimientos antivacunas, particularmente aquellos fundamentados en posiciones ideológicas inflexibles que rechazan sistemáticamente la inmunización. No me refiero a personas que, ante la desinformación durante la pandemia sobre las vacunas contra el SARS-COV-2, decidieron no vacunarse, sino a quienes por convicción ideológica o religiosa se oponen al concepto mismo de vacunación.

Viñeta satírica titulada *La vacuna bovina o los maravillosos efectos de la nueva inoculación* [James Gillray].

Los grupos antivacunas tienen una historia tan antigua como el desarrollo de esta tecnología. A finales del siglo XVIII y principios del XIX, cuando la vacuna contra la viruela desarrollada por Edward Jenner comenzó a difundirse, surgieron movimientos opositores, con caricaturas sobre Jenner y los vacunados. En el siglo XX, con la implementación del calendario vacunal infantil, se fortaleció esta corriente en Europa y Estados Unidos, hasta el punto de que actualmente hay regiones desarrolladas con menores tasas de vacunación contra el sarampión que algunas zonas en desarrollo.

Este movimiento ha contribuido a la reemergencia de virus como el sarampión en Europa, con un incremento de hasta el 400 %. Recordemos que uno de cada 1000 infectados por este virus fallecerá, mientras que aproximadamente uno de cada millón de vacunados podría experimentar algún efecto adverso significativo. La preocupación por este fenómeno llevó a la OMS a declarar en 2019 al movimiento antivacunas como una de las diez principales amenazas para la salud global.

En resumen, considerando este conjunto de factores —cambio climático, colonización de nuevos territorios, mutaciones virales, tráfico de fauna, concentración poblacional, movilidad global y resistencia a la vacunación—, resulta previsible que nuestra especie afronte nuevas pandemias, nuevos patógenos o incluso antiguos agentes infecciosos con renovada virulencia. Teóricamente, algunas de estas amenazas potenciales podrían resultar más devastadoras que el reciente coronavirus.

Solo mediante un mayor impulso a la investigación, coordinación internacional, centros de vigilancia epidemiológica más efectivos y una concienciación más profunda sobre el cambio climático y nuestra vulnerabilidad como especie, podremos abordar estos desafíos con ciertas garantías. Desafortunadamente, no parece que hayamos asimilado suficientemente las lecciones de la pandemia de COVID-19 ni que estemos interpretando adecuadamente las señales que nos transmite el medio ambiente —o peor aún, que comprendamos estas señales pero optemos por ignorarlas—.

APLICACIONES BENEFICIOSAS
DE LOS VIRUS

Como he mencionado anteriormente, la gran mayoría de los microorganismos —y aquí incluyo a los virus, aunque con la denominación de nanoorganismos— existen independientemente de nosotros. Habitan ajenos a nuestra presencia, por muy dominante que sea nuestra especie. La biodiversidad y abundancia de bacterias y virus —especialmente bacteriófagos— que coexisten en equilibrio en los océanos resulta prácticamente inimaginable. Si dispusiéramos todas las partículas virales —con un tamaño medio de 100 nm, es decir, la décima parte de una micra o la diezmilésima parte de un milímetro— en línea continua, la cadena formada alcanzaría hasta el planeta Próxima Centauri b, el exoplaneta situado en la zona habitable de su estrella enana roja Próxima Centauri, la cual es, a su vez, la estrella más cercana a nuestro Sol, a una distancia de aproximadamente 4,24 años luz o 40 114 000 000 000 km.

Los bacteriófagos son 10 veces más numerosos que las bacterias que habitan en nuestros océanos, y estas, a su vez, se pueden contar por millones en una simple muestra de agua marina. Además, como desarrollaré en otro capítulo —y que en parte he anticipado—, albergamos más microorganismos en nuestro propio cuerpo que células eucariotas propias. Las bacterias de nuestra microbiota, que coexisten en equilibrio con sus propios virus, nos protegen de posibles invasiones patogénicas de otros microorganismos generalmente de vida libre.

Martha Chase [Wikimedia Commons].

Por ello, tanto si existen independientemente o asociados a nosotros, la inmensa mayoría de estos seres microscópicos invisibles a nuestra vista, estos habitantes del mundo microbiano que ya describiera el comerciante neerlandés Anton van Leeuwenhoek (1632-1723) —considerado el padre de la microbiología por su desarrollo de primitivos microscopios con lentes magistralmente pulidas—, mantienen el equilibrio estable de la biodiversidad planetaria tal como la conocemos.

En los siguientes apartados me centraré en aquellos microorganismos que, potencialmente patógenos o no, hemos conseguido adaptar para nuestros propósitos, ya sean biotecnológicos, sanitarios o científicos. Dedicaré las próximas secciones a destacar algunos de los hitos más relevantes en el ámbito biológico y a sus artífices.

Comencemos con el experimento fundamental de Hershey y Chase durante la demostración de que el ADN, y no las proteínas, constituía la base de la herencia. A mediados del siglo XX ya se había avanzado considerablemente en el campo de la genética gracias, entre otros, a los célebres experimentos del monje agustino Gregor Johann Mendel (1822-1884) con guisantes, o del estadounidense Thomas Hunt Morgan (1866-1945), quien confirmó que los cromosomas eran portadores de genes —por lo que recibió el Premio Nobel en Fisiología y Medicina en 1933— trabajando con la mosca de la fruta *Drosophila melanogaster*.

Sin embargo, todavía se desconocía cómo estas características genéticas se transmitían entre generaciones; en qué molécula residía la información heredable. No fue hasta el 25 de abril de 1953 cuando se publicó el célebre y conciso artículo en la revista *Nature* sobre la estructura en doble hélice del ADN por James Dewey Watson (1928) y Francis Harry Compton Crick (1916-2004).

Pero retomando nuestro enfoque microbiológico, es importante señalar que un año antes de la publicación en *Nature* sobre la estructura del ADN, los estadounidenses Alfred Day Hershey (1908-1997) y Martha Cowles Chase (1927-2003) realizaron un elegante experimento que confirmó que era el ADN, y no las proteínas, la base del material genético; algo que inicialmente no parecía evidente. Consideremos que el lenguaje de las proteínas se basa en 20 aminoácidos capaces de formar millones de proteínas diferentes combinándose entre sí, mientras que el ADN está compuesto por solo cuatro nucleótidos que, ahora sabemos, se combinan en tripletes para formar codones en el ARN mensajero que determinan aminoácidos específicos. La estructura en doble hélice antiparalela con complementariedad de las cuatro bases nitrogenadas —adenina, timina, guanina y citosina (A, T, G, C)— garantiza la conservación de la información durante la replicación.

El experimento de Hershey y Chase se realizó con un bacteriófago denominado T2, un virus bacteriano complejo, con cabeza icosaédrica, cola contráctil y prolongaciones que le permiten adherirse e inyectar su ADN en la bacteria huésped. Aunque actualmente podemos observar estos detalles mediante microscopía electrónica, a mediados del siglo pasado solo se sabía que contenía ADN y proteínas, pero se desconocía cuál de estos componentes transmitía la información genética.

Ingeniosamente, ambos investigadores marcaron el ADN con fósforo radioactivo, mientras identificaron las proteínas mediante azufre también radioactivo. Infectaron la bacteria *Escherichia coli*, un microorganismo ampliamente utilizado en investigación, con virus marcados alternativamente en el ADN o en las proteínas, y observaron que solo en el primer caso la radioactividad permanecía en la fracción de las bacterias hijas. Cuando infec-

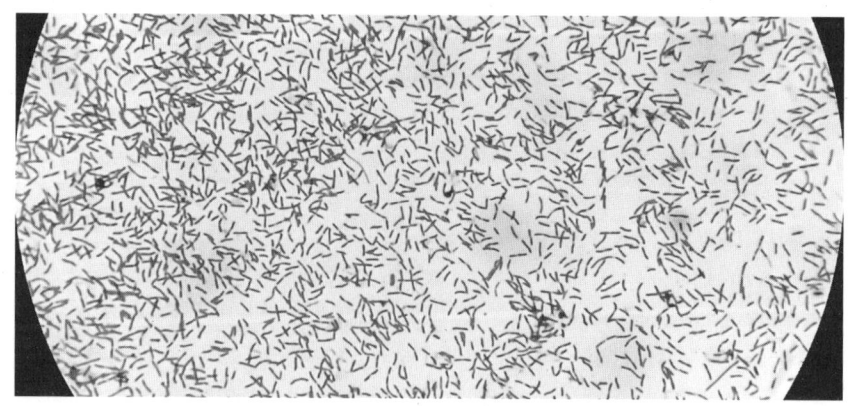

Escherichia coli bajo el microscopio [Arif Biswas/Shutterstock].

taban con virus marcados con azufre radioactivo, comprobaron que la marca se perdía al purificar únicamente las bacterias descendientes. Un experimento conceptualmente brillante que demostró que es el ADN el portador de la información hereditaria.

En honor a la precisión histórica, la hipótesis de que el ADN podría ser el portador de la herencia ya había sido propuesta en 1944 mediante los experimentos de Avery (1877-1955), MacLeod (1909-1972) y McCarty (1911-2005), realizados con neumococos (*Streptococcus pneumoniae*). Estos investigadores demostraron que únicamente la fracción de neumococos inactivados que contenía ADN era capaz de transformar una bacteria no virulenta en virulenta. Estos experimentos de transformación bacteriana eran habituales y consistían en mezclar bacterias con componentes de otras bacterias para observar cómo afectaba esta combinación a las características bacterianas. Se sabía que algún componente de esta mezcla (proteínas, ácidos nucleicos, lípidos) tenía capacidad de influir en las bacterias, pero este ingenioso experimento permitió determinar que era específicamente el ADN el elemento transformador. Este mecanismo de transferencia de material genético entre bacterias es muy frecuente en la naturaleza, como evidencia el fenómeno de resistencia bacteriana a los antibióticos.

Existe un tipo de pequeño ADN circular conocido como plásmido, estructuras muy útiles en investigación, puesto que permiten insertar genes de interés y transferirlos posteriormente a bacterias. Por ejemplo, los primeros organismos vegetales transgénicos se obtuvieron modificando la bacteria *Agrobacterium tumefaciens* —actualmente reclasificada como *Rhizobium radiobacter*— para introducirle un gen de interés, como el de resistencia a plagas o herbicidas. Esta bacteria puede inducir tumores en ciertas plantas y, simultáneamente, transferir el gen seleccionado. Desafortunadamente, la transferencia natural de plásmidos entre bacterias también constituye un mecanismo habitual. Estos plásmidos frecuentemente contienen genes de resistencia a antibióticos que, mediante un proceso denominado conjugación, pueden diseminarse ampliamente, representando una de las principales amenazas para la salud pública.

LA SECUENCIACIÓN DE GENES
DEPENDIENTE DE VIRUS

En un capítulo posterior abordaremos en profundidad los bacteriófagos, virus que infectan bacterias y que ya he mencionado previamente. Aquí describiré brevemente uno de sus usos más relevantes como herramienta en los inicios de la biología molecular: la secuenciación del ADN. Aunque han transcurrido solo 50 años, estos métodos ya parecen pertenecer a otra era científica.

En 1975, Frederick Sanger (1918-2013) desarrolló, junto a Walter Gilbert (1932), un método de secuenciación que lleva su nombre. Cabe destacar que Sanger fue un bioquímico inglés con el extraordinario mérito de haber sido galardonado dos veces con el Premio Nobel de Química —uno de ellos compartido con Gilbert—, convirtiéndose en la quinta persona en conseguir dos premios Nobel, junto a Marie Curie, Linus Pauling, John Bardeen y, más recientemente, Karl Sharpless.

Frederick Sanger, Paul Berg y Walter Gilbert [IMS Vintage Photo].

Previamente, Sanger ya había demostrado su destreza con los métodos de secuenciación de proteínas, como en el caso de la insulina (1953), lo que le valió su primer Premio Nobel en 1958. Tras este logro, se dedicó a descifrar la secuencia de una de las moléculas más complejas, el ADN, cuya estructura en doble hélice acababa de ser publicada en *Nature* por Watson y Crick.

Sin adentrarme en los complejos detalles técnicos de un método laborioso que podía requerir un mes de trabajo con geles y radiactividad para descifrar una secuencia relativamente corta de nucleótidos, es importante señalar que para estos primeros pasos del método Sanger-Gilbert se empleó un virus, el bacteriófago Phi-X174 (Φ-X174). Este virus presenta la particularidad de poseer únicamente una molécula simple de ADN —no doble como ocurre en los organismos celulares—; es decir, ADN monocatenario o ssDNA, y pertenece a la familia *Microviridae*. Como dato complementario, este virus infecta a la bacteria *Escherichia coli*.

Precisamente esta característica de tener un solo cromosoma monocatenario circular, junto con su mecanismo de replicación, permite insertar un gen exógeno —el de interés para el investigador— y observar cómo se incorporan secuencialmente los nuevos nucleótidos. Al marcar los cuatro tipos de nucleótidos, representados por las letras A, T, G y C, podemos visualizar en qué posición se van integrando; es decir, podemos «leer» la secuencia genética. Un concepto conceptualmente simple y brillante, aunque su implementación práctica requería después horas de análisis para interpretar miles de bandas que representaban los diferentes nucleótidos. Mediante este método se secuenció manualmente el genoma completo de Phi-X174, el primer organismo —no considerado ser vivo— cuyo genoma fue secuenciado íntegramente (5386 bases).

La tecnología ha evolucionado notablemente desde entonces, con automatización del proceso, utilización de métodos fluorescentes en lugar de radioactivos y el empleo de potentes sistemas informáticos, culminando en el ambicioso Proyecto Genoma Humano de principios del presente siglo, mediante el cual se logró secuenciar nuestro ADN, que contiene aproximadamente 3000 millones de bases.

LA RETROTRANSCRIPTASA: UN HITO EN LA BIOLOGÍA MOLECULAR

El periodo transcurrido desde la caracterización de la estructura del ADN en 1953 hasta la capacidad de secuenciación de Sanger y Gilbert en 1975 fue particularmente intenso. Se había constatado que el ADN era «el secreto de la vida», como proclamara emocionado Francis Crick en el pub The Eagle en Cambridge, cerca del laboratorio Cavendish. A partir de ese momento, proliferaron los proyectos para el estudio de «la corriente de la vida»: cómo la información codificada en una cadena formada por la repetición de cuatro letras acababa transformándose en una proteína, ya fuera insulina, colágeno, queratina o cualquiera de los millones de opciones existentes.

The Eagle Pub en Cambridge, donde el 28 de febrero de 1953 Francis Crick y James Watson anunciaron el descubrimiento de la estructura del ADN a colegas del Cavendish Laboratory [Claudio Divizia/Shutterstock].

Finalmente se estableció que tres procesos moleculares conocidos como replicación, transcripción y traducción fundamentaban todo lo que somos. La replicación permite que la cadena de ADN constituyente de nuestros cromosomas se transfiera a las células hijas y a nuestros descendientes, mientras que la transcripción constituye el paso intermedio por el cual la información contenida en ese ADN, encerrado en el núcleo de las células eucariotas —las que no son bacterias o arqueas—, pasa al citoplasma en formato ARN. Allí, en el citoplasma, el ARN contacta con los ribosomas, las factorías de proteínas, y mediante un proceso conocido como traducción se sintetizan las millones de proteínas que conforman el conjunto celular de un ser vivo.

Esta es, en esencia, la cadena, la corriente, el dogma de la vida: del ADN se pasa al ARN y, de este, a la proteína. ¿Constituía un principio inamovible, inviolable, incuestionable? ¿Sería esta corriente de la vida inmutable? La llegada de Temin y Baltimore revolucionaría completamente esta concepción.

El ARN mensajero es una molécula similar, pero distinta del ADN: monocatenaria —una sola cadena— con un código también de cuatro letras, pero una de ellas diferente al ADN (A, C, G y U, uracilo en lugar de timina). Transmite la información genética del núcleo celular hasta los ribosomas en el citoplasma, donde se produce la síntesis proteica. El ARN es un componente fundamental de esos ribosomas y, como ARN transferente, transporta individualmente los aminoácidos que formarán la cadena proteica, según un código de tripletes —por cada tres bases del ARN mensajero se incorpora un aminoácido específico en la proteína naciente—. Es una molécula fascinante, capaz incluso de comportarse como enzima (las denominadas ribozimas), lo que las convierte en candidatas a ser algunas de las primeras moléculas de la vida, hace más de 3000 millones de años.

Los retrovirus nos resultan familiares actualmente, especialmente su miembro más conocido: el VIH o virus del SIDA, que ha causado más de 40 millones de fallecimientos. Este complejo patógeno microscópico tiene un tamaño similar al del SARS-COV-2 y, como este, posee como genoma una molécula de ARN. Ahí termina la similitud.

Cuando el VIH infecta un linfocito T —la célula coordinadora de nuestras defensas inmunes específicas—, lo primero que hace, incluso antes de completar su descapsidación en el citoplasma celular, es contradecir el dogma de la vida descrito anteriormente: convierte su ARN monocatenario en una molécula de ADN bicatenario que viajará al núcleo celular y se integrará en el genoma del hospedador. Desde este reservorio en el genoma nuclear, el virus seguirá posteriormente la dirección habitual de la corriente vital para transcribirse en ARN mensajero y traducirse en las proteínas de los nuevos viriones. Estos abandonarán la célula para infectar otras y reiniciar el ciclo.

Este complejo ciclo viral, su capacidad de integración en el genoma celular y el hecho de infectar precisamente a las células responsables de defendernos contra los virus, convierte al VIH en un patógeno extremadamente difícil de combatir y eliminar, al menos hasta ahora, mediante vacunas. Afortunadamente, cada vez disponemos de cócteles antirretrovirales más completos y eficaces que, aunque no consiguen erradicar el virus de sus reservorios celulares, mantienen la carga viral en sangre prácticamente indetectable, proporcionando a los pacientes crónicos una calidad de vida comparable a la del resto de la población. Sin estos tratamientos, el destino de una persona infectada por el VIH —al menos por las cepas predominantes en Occidente— suele ser fatal. Progresivamente, el número de linfocitos T CD4 disminuye hasta que no pueden protegernos adecuadamente, convirtiéndonos en susceptibles a patógenos oportunistas: virus —como el Herpes 8 (HHV-8), implicado en el Sarcoma de Kaposi—, bacterias, protozoos o, incluso, hongos.

El VIH utiliza, para penetrar en el linfocito T, varios receptores moleculares. Además de la CD4 característica de los denominados linfocitos T cooperadores, también requiere otras denominadas quimioquinas, como la CCR5, implicada en la movilidad de leucocitos y, por tanto, en el correcto funcionamiento de nuestro sistema inmunitario. En noviembre de 2018, el genetista chino He Jiankui anunció en un foro internacional que había editado genéticamente embriones humanos mediante la técnica CRISPR para eliminar la molécula CCR5, generando varios bebés genéticamente modificados, argumentando que así evitaría que padecieran SIDA como su progenitor. La comunidad científica condenó unánimemente este experimento, ya que la molécula CCR5 no existe exclusivamente para permitir la entrada del VIH, sino que desempeña importantes funciones inmunológicas. Posteriormente, en diciembre de 2019, este investigador fue condenado a prisión.

En todo este proceso, un elemento dejó perplejos a los virólogos: ¿cómo podía un virus convertir su genoma de ARN en ADN? La respuesta mereció el Premio Nobel en Fisiología y Medicina en 1975: la retrotranscriptasa (también denominada transcriptasa inversa o reversa), una enzima multifuncional que:

1. Puede sintetizar una molécula de ADN utilizando como molde una cadena de ADN, función similar a la que realizan nuestras ADN polimerasas nucleares.

2. Posee actividad degradadora de ARN viral (ribonucleasa o RNasa) durante la síntesis de ADN, eliminando el genoma inicial de ARN a medida que se convierte en ADN.

3. Más importante, tiene la capacidad de sintetizar ADN utilizando como molde una molécula de ARN —actividad ADN polimerasa dependiente de ARN o retrotranscriptasa propiamente dicha—. Esta función no existe en las células humanas, que solo necesitan transcribir de ADN a ARN pero no a la inversa. El ARN celular es muy lábil, degradándose rápidamente tras su traducción a proteína, características que evolutivamente el VIH ha explotado en su beneficio.

Es importante señalar que los retrovirus no son los únicos con retrotranscriptasa. Por ejemplo, el virus de la hepatitis B, un hepadnavirus con un ciclo de replicación peculiar que incluye una molécula circular de ADN parcialmente bicatenario, también posee esta enzima.

Esta enzima supuso un hito en los laboratorios de biología molecular, permitiendo convertir moléculas de ARN mensajero frágiles en cadenas dobles de ADN que pueden almacenarse, por

David Baltimore en Caltech en 2021 [Cristóbal Michel/Wikimedia Commons].

ejemplo, en plásmidos, pequeñas moléculas de ADN circular fácilmente manipulables. Esto posibilita la síntesis y producción de proteínas específicas a gran escala —como la insulina humana que mantiene sanos a cientos de millones de diabéticos, producida mediante ingeniería molecular en la bacteria *E. coli*—.

También permite introducir estas moléculas retrotranscritas a ADN en cualquier célula, transformándola o modificándola genéticamente para corregir defectos, añadir características nuevas o, si es necesario, diseñar nuevos virus, generando incluso bibliotecas genómicas en bacteriófagos.

Finalmente, una aplicación que hemos experimentado durante la pandemia de COVID-19: la RT-PCR (Reacción en Cadena de la Polimerasa con Retrotranscriptasa). Una PCR convencional amplifica secuencias de ADN, permitiendo pasar de una simple cadena a miles de millones gracias a un proceso que le valió el Premio Nobel a su inventor, Kary Banks Mullis (1944-2019). Sin embargo, una PCR amplifica ADN, no ARN. Mediante la retrotranscriptasa, en el mismo proceso de amplificación podemos convertir el genoma del SARS-COV-2 en ADN y luego detectarlo.

Este avance científico fue obra de Howard Martin Temin (1934-1994), David Baltimore (1938) y Renato Dulbecco (1914-2012), galardonados con el Premio Nobel en 1975 por la caracterización de la retrotranscriptasa como responsable del peculiar ciclo viral de los retrovirus.

Dulbecco, el mayor de los tres, comenzó a trabajar en bacteriología antes de trasladarse desde Italia a Estados Unidos para investigar el origen de algunos tumores, especialmente aquellos con posible origen viral. Algunos de los principales medios de cultivo celular llevan su nombre, y se le considera uno de los impulsores del Proyecto Genoma.

Baltimore realizó una contribución fundamental a este descubrimiento, de forma independiente, en 1970. Sus trabajos sobre virus tumorales y su efecto en células infectadas le otorgaron gran reconocimiento. Además, su sistema de clasificación viral basado en el tipo de material genético, número de cadenas genómicas y presencia de retrotranscriptasa —conocido como Clasificación Baltimore— ha sido ampliamente adoptado:

GRUPO I: Virus con ADN bicatenario, dsDNA (ejemplo: herpesvirus).

GRUPO II: Virus con ADN monocatenario, ssDNA (ejemplo: parvovirus).

GRUPO III: Virus ARN bicatenario, dsRNA (ejemplo: reovirus).

GRUPO IV: Virus ARN monocatenario positivo, (+)ssRNA (ejemplo: coronavirus).

GRUPO V: Virus ARN monocatenario negativo, ()ssRNA (ejemplo: virus de la gripe).

GRUPO VI: Virus ARN monocatenario con retrotranscriptasa, ssRNA-RT (ejemplo: retrovirus).

GRUPO VII: Virus ADN bicatenario con retrotranscriptasa, dsDNA-RT (ejemplo: hepatitis B).

Esta clasificación resulta práctica como primera aproximación a la virología. No obstante, actualmente el Comité Internacional de Taxonomía Vírica (ICTV) clasifica todas las familias víricas según su relación filogenética y origen evolutivo, lo que puede agrupar virus aparentemente distintos o separar otros similares. Hasta hace aproximadamente una década, la clasificación viral se limitaba principalmente al taxón de Orden, pero recientemente se ha ampliado para incluir todos los niveles taxonómicos utilizados en la nomenclatura biológica: Dominio, Reino, Filo, Clase, Orden, Familia, Género y Especie.

Temin conoció a Dulbecco siendo estudiante de posgrado en el Instituto de Tecnología de California (Caltech) antes de dedicarse a la virología animal, estudiando el Virus del Sarcoma de Rous, un retrovirus oncogénico en aves. Su intuición al proponer que algunos virus tumorales podían inducir una transcripción inversa en la célula infectada fue revolucionaria.

Este trío de brillantes investigadores desafió el dogma central de la biología molecular sobre el flujo unidireccional del ADN hacia el ARN y, de este, a la proteína, estableciendo un nuevo paradigma en nuestra comprensión de los procesos biológicos fundamentales.

BACTERIÓFAGOS PARA LEER GENES

Hemos examinado brevemente cómo los bacteriófagos pueden utilizarse para almacenar secuencias genéticas de interés, funcionando como verdaderas bibliotecas moleculares. Este constituye otro uso práctico en biología molecular de estos nanoorganismos. Podemos convertir a ADN diferentes genes o secuencias genéticas de cualquier organismo, procariota o eucariota, desde bacterias diversas hasta cualquier célula de hongos, plantas o animales.

Habitualmente, mediante la retrotranscriptasa que acabamos de describir, se convierte el ARN mensajero (mRNA) —la molécula intermediaria que permite que un gen se exprese como proteína— en una molécula de ADN bicatenario conocido como ADN complementario (cDNA), denominado así por representar la secuencia complementaria en ADN a la inicial de ARN. Mediante ingeniería genética, este cDNA puede emplearse para múltiples propósitos, como desarrollar organismos transgénicos, transformar células para que expresen extraordinariamente una característica que deseemos investigar o, como estamos comentando, insertarlo en un fago para su conservación y eventual utilización.

Para comprender este proceso, es fundamental mencionar dos elementos clave: las endonucleasas y el fago Lambda (λ). Las endonucleasas, como su nombre indica (endo-nucle-asas), son enzimas que cortan internamente secuencias de ADN. Existe un grupo especialmente importante de endonucleasas, reconocidas con el Premio Nobel en 1978, conocidas como enzimas de restricción, que reconocen con gran especificidad y precisión una pequeña secuencia de nucleótidos en el ADN —normalmente seis unidades o bases como, por ejemplo, GTTAAC—, tras lo cual cortan la molécula.

Werner Arber (1929), microbiólogo suizo que trabajó en el laboratorio de Basilea, estudió las endonucleasas de restricción, investigación que le valió el Nobel en Fisiología y Medicina en 1979, compartido con otros dos investigadores. Podría afirmarse que las enzimas de restricción, junto con la retrotranscriptasa, constituyen dos de los grupos de moléculas más importantes en el avance de la biología molecular desde los años 70. Estas enzimas son tan específicas que permiten cortar prácticamente cualquier secuencia del ácido desoxirribonucleico. Como el propio Arber describió, posibilitan manipular fragmentos de ADN con extraordinaria precisión, algo crucial en biotecnología.

Pilar Domingo-Calap, investigadora de la Universitat de València en el Instituto de Biología Integrativa de Sistemas (I2SysBio, UV-CSIC).

Si se cortan dos cadenas de ADN diferentes con las mismas enzimas de restricción, ambas tendrán extremos idénticos, permitiendo posteriormente, mediante otras enzimas denominadas ligasas, unir estas cadenas de distinta procedencia. Para ilustrarlo: imaginemos dos cuerdas pintadas con cuatro colores (blanco, negro, rojo y azul) en diferentes segmentos. Utilizando unas tijeras especiales que solo cortan un color específico (rojo, por ejemplo), obtendremos dos cuerdas distintas seccionadas en la región roja. Posteriormente, podemos unir ambas cuerdas con un adhesivo que solo funcione con el color rojo. El resultado será una nueva cuerda híbrida que contiene fragmentos de distinto origen.

Aplicando este principio al ADN, podemos construir secuencias recombinantes, es decir, fragmentos de ADN que incorporan secuencias exógenas de diferente procedencia. Más adelante abordaremos las vacunas recombinantes, como las desarrolladas contra SARS-COV-2 (AstraZeneca, Janssen, Sputnik, entre otras). Estos avances caracterizan la década de 1970, considerada el nacimiento de la biotecnología. Uno de los primeros usos prácticos de esta tecnología recombinante con enzimas de restricción fue la producción de insulina en bacterias, beneficiando actualmente a cientos de millones de diabéticos en todo el mundo.

Las enzimas de restricción son producidas naturalmente por bacterias como mecanismo de defensa contra virus invasores u otros organismos. La evolución ha propiciado que algunos bacteriófagos, como el T4 —un fago complejo con cabeza icosaédrica doble, cola larga contráctil para inyectar su genoma, un collarín y prolongaciones proteicas para adherirse a la bacteria— hayan modificado uno de sus nucleótidos para evitar ser reconocidos por estas enzimas bacterianas, desarrollando simultáneamente sus propias moléculas para reconocer este nucleótido modificado durante su replicación. Específicamente, la citosina es transformada en 5-hidroximetilcitosina.

En el ámbito clínico, las enzimas de restricción permiten verificar mutaciones génicas, aplicándose en el diagnóstico de enfermedades genéticas.

Un bacteriófago particularmente importante en biología molecular durante más de cinco décadas es el fago lambda (λ). Este virus puede infectar a *Escherichia coli* y, en la inmensa mayoría de casos (99,99 %), la infección conduce a la lisis bacteriana. Sin embargo, existe la posibilidad, estadísticamente relevante en colonias de miles de millones de bacterias, de generar un ciclo lisogénico (no lítico), integrándose en el genoma del hospedador. Estructuralmente, es un fago compuesto con cabeza icosaédrica proteica (denominada cápsida) y una cola flexible para inyectar su ADN.

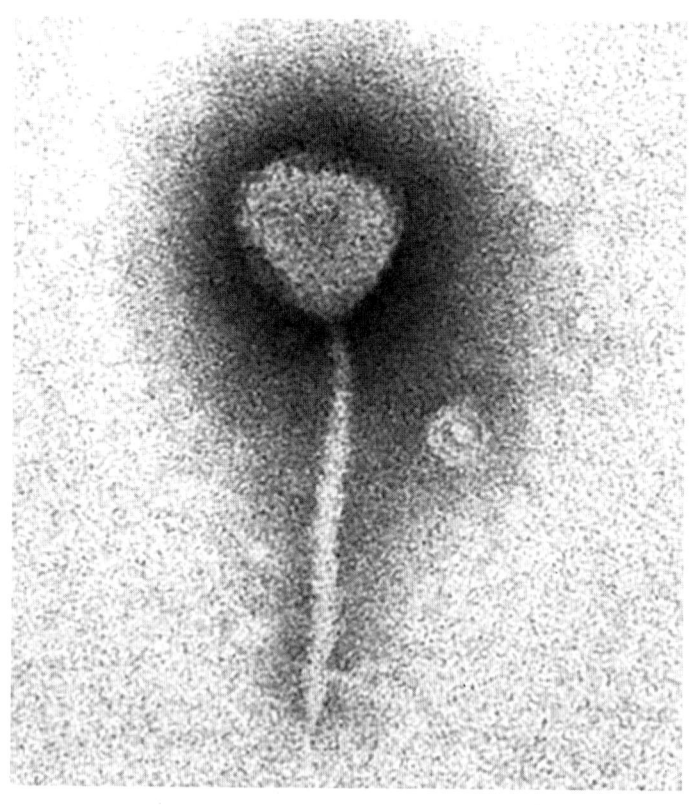

Micrografía electrónica de un fago λ
[Hans-Wolfgang Ackermann/Instituto Suizo de Bioinformática].

Las bibliotecas de fagos permiten utilizar λ como vector de clonación, insertándole ADN —considerando siempre las limitaciones espaciales de la cápsida viral— que posteriormente puede almacenarse o amplificarse para obtener múltiples copias del fragmento insertado. Existen otros bacteriófagos utilizables como repositorios genéticos, como el fago P1.

La principal limitación de los fagos como vectores es su capacidad limitada para almacenar fragmentos de ADN. Actualmente, este inconveniente puede resolverse mediante vectores de mayor capacidad. Para contextualizar esta evolución, podemos utilizar la analogía de los dispositivos de almacenamiento digital: los primeros apenas contenían unos kilobytes, evolucionando posteriormente a megabytes, gigabytes y terabytes. De manera similar, las tecnologías de almacenamiento genético han progresado. La utilización del fago P1 como vector genómico se denomina PAC (Cromosoma Artificial derivado de P1). A partir de este concepto, se han desarrollado los Cromosomas Artificiales Bacterianos (BACs), capaces de almacenar muchos kilopares de bases; los Cromosomas Artificiales de Levaduras (YACs, por sus siglas en inglés) con mayor capacidad, y los Cromosomas Artificiales de Mamíferos (MACs), que pueden albergar prácticamente cromosomas completos incluyendo sus secuencias reguladoras.

Finalmente, aunque excede el enfoque principal de este libro, cabe mencionar el proceso conocido como «Transducción Bacteriana», mediante el cual se transfiere información genética entre bacterias —o desde otros organismos— utilizando virus como vectores. Otros métodos de transferencia genética entre o hacia bacterias, que no involucran virus, son la transformación y la conjugación; esta última responsable de la transmisión de genes de resistencia a antibióticos entre bacterias, representando un serio desafío para la salud humana.

VIRUS EN TRANSGÉNESIS: HERRAMIENTAS FUNDAMENTALES EN BIOTECNOLOGÍA

Terminé mi tesis doctoral en 1989. Concretamente, en junio dejé de ser estudiante predoctoral y defendí mis casi cuatro años de trabajo caracterizando la infección de monocitos —uno de los tipos celulares que nos defienden, entre otras, de bacterias inoportunas— por el virus de la poliomielitis.

Con mi título de doctor y premio extraordinario de doctorado, me dispuse, como casi todos mis compañeros en aquella época —situación que no ha cambiado sustancialmente—, a buscar un laboratorio en el extranjero para continuar mi formación científica. Recibí dos propuestas interesantes: una del Instituto Karolinska de Estocolmo para trabajar con linfocitos B T-independientes, y otra invitación para incorporarme a un laboratorio en Hannover (Alemania), la ciudad donde pasé gran parte de mi infancia, para investigar con células *Natural Killer* (NK), capacitadas para combatir células infectadas por virus o tumorales.

Decidí inicialmente incorporarme al laboratorio alemán en enero de 1990. Para el período intermedio previo, hablé con Carmelo Bernabeu, director de un grupo de inmunología en el Centro de Investigaciones Biológicas de Madrid, proponiéndole realizar alguna investigación breve hasta mi partida. Sin embargo, esos seis meses se convirtieron en tres años, olvidando Hannover y las NK, e iniciando una de mis experiencias científicas más productivas.

El proyecto se centraba en un modelo de artritis reumatoide en una raza específica de rata (Lewis). Con una inyección en las patas traseras o en la base de la cola de un compuesto denominado Adyuvante Completo de Freund (ACF), que contiene como elemento clave componentes inactivados de *Mycobacterium tuberculosis*, éramos capaces de generar en este modelo de rata —genéticamente homogéneo por cruces endogámicos— una sintomatología comparable a la que padecen pacientes con artritis: hinchazón e inflamación articular y de extremidades.

La hipótesis subyacente era que un componente de la micobacteria, denominado Proteína de Choque Térmico 65 (HSP65), desempeñaba un papel importante en la inducción de la artritis. ¿Era extrapolable a humanos? Muchos investigadores así lo creían. Algunos artículos de la época relacionaban haber padecido tuberculosis con la posibilidad de desarrollar artritis años después. De hecho, décadas posteriores a nuestro trabajo, científicos mexicanos purificaron en plantas transgénicas esa misma proteína, HSP65 o p65, para posibles ensayos y tratamientos clínicos.

Existe una proteína en humanos denominada HSP60 (p60) con alta homología de secuencia y función respecto a la p65 bacteriana. Esta similitud, junto al hecho de que, como ocurre con muchas enfermedades autoinmunes, se desconoce la etiología de la artritis reumatoide —patología que afecta a numerosas articulaciones y difiere de otros procesos artríticos o artrosis—, llevó a Bernabeu a considerar la posibilidad de que esta enfermedad pudiera originarse por «Mimetismo Molecular»: una infección bacteriana desencadena respuesta inmune contra diversas proteínas microbianas pero, dada la similitud entre p65 de micobacteria y p60 humana, los linfocitos T activos podrían confundir la proteína humana con la bacteriana, generando una reacción inmune contra componentes propios. Aunque esta teoría es habitual en muchas enfermedades autoinmunes, hasta la fecha no se ha confirmado como origen definitivo de ninguna patología. Sin embargo, constituía una hipótesis demasiado atractiva para ignorarla.

En aquella época comenzaban a proliferar publicaciones científicas sobre modelos de ratones manipulados genéticamente mediante transgénesis. Ya existía literatura sobre ratones portadores del gen de queratina de lana ovina, hormona de crecimiento de rata, o sin receptores de capsaicina. Sin embargo, no se había publicado ningún modelo de rata, animal menos «agradecido» para manipulación genética: demasiado grande para utilizar los equipos empleados con ratones, pero insuficiente para técnicas como laparoscopia aplicadas en modelos porcinos. Y específicamente, no encontrábamos ningún modelo de rata Lewis transgénica. ¡Ese fue nuestro desafío!

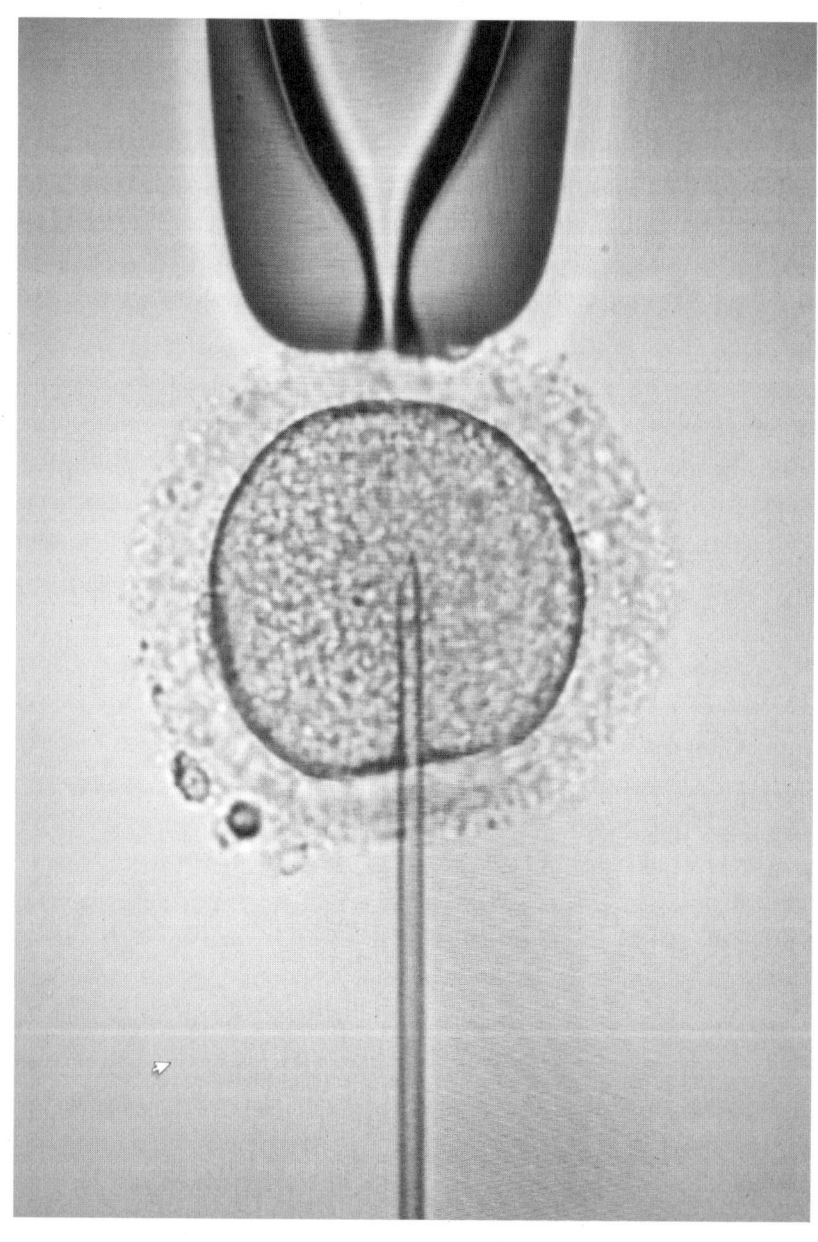

Micromanipulación de un cigoto para transgénesis [Martchan/Shutterstock].

La premisa era lógica: si la proteína micobacteriana p65 interviene en la inducción de artritis en estas ratas, creando ratas transgénicas portadoras de este gen, dicha proteína sería reconocida por el sistema inmune como propia, generando tolerancia y previniendo la artritis. La realidad resultó mucho más compleja. Cada etapa supuso dificultades significativas debido, principalmente, al modelo de rata elegido, genéticamente frágil. Lamentablemente, no podíamos seleccionar otro modelo animal, pues este era el único conocido capaz de desarrollar artritis con ACF.

En términos generales, la técnica consistía en: inducir mediante hormonas la producción de numerosos óvulos en una hembra; cruzarla con un macho; extraer los cigotos recién fecundados y, antes de la fusión de pronúcleos y comienzo de división celular, insertar mecánicamente el gen deseado (p65) en uno de estos pronúcleos. Así, cuando el cigoto iniciara su división, todas las células del futuro animal portarían la modificación genética. Al día siguiente de la inserción del transgén, los cigotos viables se transferían a otra hembra previamente preparada hormonalmente mediante cruce con un macho vasectomizado. Finalmente, tras el nacimiento de la nueva progenie, se analizaba qué individuos contenían realmente la modificación genética, su nivel de expresión y localización.

La inserción del gen en el pronúcleo embrionario constituye uno de los pasos más complejos y con menor índice de éxito. De media, apenas dos o tres de cada diez intentos resultaban prometedores. El proceso se realizaba con un equipo revolucionario para la época, denominado Micromanipulador. Su manejo se asemejaba a un videojuego con dos mandos (*joysticks*), uno en cada mano: con el izquierdo se sujetaba el óvulo, mientras con el derecho, mediante una microaguja extremadamente fina, se insertaba lo más rápidamente posible el gen deseado para minimizar daños celulares.

Las ratas Lewis presentaban complicaciones adicionales: la superovulación funcionaba deficientemente, produciendo escasos ovocitos; durante la microinyección se arrastraba citoplasma celular provocando degeneración del cigoto. Tras tres años de intentos, adquirí conocimientos extensos sobre transgénesis clásica en ratas —incluso asistí en Heidelberg, Alemania, a un curso intensivo sobre vasectomía en ratas macho—. Aprendí tanto que escribí mi primer libro de divulgación, «¿Qué es un transgénico? (y las madres que lo parieron)», título que, contrariamente a lo que pudiera sugerir, no resulta despectivo sino técnicamente preciso: para crear un roedor transgénico se requieren varias madres; la donante de embriones iniciales y posteriormente la receptora, previamente estimulada mediante un macho vasectomizado.

Sin embargo, la historia no concluye aquí. La definición de transgénico abarca cualquier organismo portador de material genético de origen externo, ya sea de la misma especie, otra especie o incluso otro reino o dominio. Por tanto, no es completamente exacto afirmar que no lográramos desarrollar transgénicos durante aquellos años iniciales de los 90.

Tras nuestro fallido intento de generar ratas Lewis manipuladas genéticamente, reorientamos el problema desde una perspectiva más pragmática: elaborar un virus transgénico que produjera la proteína bacteriana p65, o la humana p60, para evaluar si podíamos proteger a las ratas contra la artritis. Renunciamos a la creación de animales OMG (Organismos Modificados Genéticamente) tolerantes a esa proteína, centrándonos en terapias o tratamientos preventivos (vacunas). Introdujimos en el virus Vaccinia —similar al empleado en la vacunación contra la viruela— el gen HSP65 o HSP60. Inyectamos esta construcción viral recombinante en el corazón de ratas que posteriormente serían sometidas a inducción de artritis focalizada, analizando las consecuencias: ¿ausencia de efectos?, ¿reducción de artritis?, ¿exacerbación sintomática?

Este enfoque responde a la pregunta sobre la relevancia de abordar los transgénicos en un libro sobre virus. La conexión es múltiple y significativa. Podemos generar virus manipulados genéticamente con finalidades clínicas o investigadoras: vacunas o construcciones para terapias génicas, virus con fragmentos exógenos para secuenciación (como los bacteriófagos utilizados por Sanger y Gilbert), o virus que expresan genes de interés biotecnológico. Adicionalmente, un virus puede constituir una herramienta en el propio proceso de transgénesis, facilitando la inyección e inserción del fragmento de ADN en la célula objetivo.

Bajo la denominación de transgénesis se incluyen diversas técnicas, entre ellas CRISPR (*Clustered Regularly Interspaced Short Palindromic Repeats*), acrónimo acuñado por Francisco Juan Martínez Mojica, investigador de la Universidad de Alicante. A finales de los 90, trabajando con microorganismos extremófilos, Mojica descubrió un primitivo sistema inmunitario procariota. Aunque inicialmente no percibió la trascendencia de su hallazgo, posteriormente científicas como Emmanuelle Charpentier y Jennifer Doudna (galardonadas con el Premio Nobel) comprendieron su potencial biotecnológico: permitía corregir, eliminar o añadir secuencias génicas con precisión, rapidez y bajo coste, generando OMGS aunque no necesariamente transgénicos. Este proceso se denomina «edición genética» y constituye uno de los avances científicos fundamentales del siglo XXI.

No todos los OMGS deberían recibir idéntica consideración normativa; sin embargo, al menos en Europa, transgénesis y edición CRISPR reciben tratamiento regulatorio similar, ralentizando la aprobación y comercialización de productos potencialmente beneficiosos para la sociedad. Mediante CRISPR podemos editar genes sin incorporar secuencias exógenas, por lo que estos organismos no serían estrictamente transgénicos, aunque sí OMGS.

A lo largo del tiempo han surgido diversas técnicas para crear OMGS y/o transgénicos. Cronológicamente destacan:

— 1980: Microinyección pronuclear, técnica que intenté implementar durante tres años.
— 1987: Células Madre Embrionarias (ES), células pluripotentes que podían generar un animal completo.
— 1993: Cromosomas artificiales que aportaban nuevas características al futuro transgénico.
— 1997: Transferencia Nuclear de Células Somáticas (SCNT), permitiendo transferir un núcleo completo a un óvulo enucleado (técnica utilizada con la oveja Dolly).

- 1999: Inyección Intracitoplasmática de espermatozoides (ICSI).
- 2002: Utilización de virus como vectores de transgénesis, principalmente retrovirus (específicamente lentivirus).
- 2009: Nucleasas con Dedos de Zinc (ZFN).
- 2011: Nucleasa de Actividad similar a Activador de Transcripción (TALEN).
- 2013: Edición genética CRISPR. Desde entonces, nuevas variantes revolucionarias están en desarrollo, como la edición de bases, de ARN o herramientas híbridas, entre otras.

Los virus empleados como vectores de transgénesis incluyen lentivirus (como el VIH), adenovirus, herpesvirus y parvovirus. En estos procedimientos, los virus funcionan como instrumentos de transferencia génica (Vectores Virales), considerados entre los mecanismos más eficientes para este propósito. Para su aplicación, manipulamos genéticamente al virus, convirtiéndolo en un Virus Recombinante que conserva secuencias propias necesarias para infectar células, replicarse y/o expresarse según nuestros requerimientos, junto a secuencias exógenas de interés que deseamos integrar o expresar en la célula objetivo.

Francis Martínez Mojica acuñó el término de CRISPR [Roberto Ruiz/Universidad de Alicante].

No siempre es necesario crear un animal transgénico integral; podemos modificar genéticamente únicamente un órgano o tejido específico para aplicaciones industriales, biotecnológicas o sanitarias.

Contrariamente a la percepción de que la transgénesis representa una intervención antinatural, este proceso ocurre espontáneamente en la naturaleza. Investigaciones han confirmado que algunas mariposas portan genes de avispa, como demuestran estudios publicados por investigadores de la Universidad de Valencia en revistas como *PLOS Genetics*.

La avispa *Cotesia congregata* (familia *Braconidae*) parasita larvas de mariposas y polillas, controlando las defensas inmunes de sus hospedadores mediante la inyección de genes a través de partículas virales (bracovirus). Algunos genes de avispa colonizaron la línea germinal de mariposas, incluida la Monarca, integrándose permanentemente en su genoma. Curiosamente, esta incorporación genética incrementó la resistencia de las mariposas frente a ciertos patógenos, demostrando que el sistema inmune de insectos, aunque menos complejo que el humano, también evoluciona adaptativamente.

Este fenómeno no se limita a una especie aislada, sino que abarca miles de tipos de avispas parasitoides. Naturalmente, este proceso evolutivo incluye adaptaciones extremas: algunas avispas transforman a sus hospedadores en zombis-niñera, como ocurre con cucarachas o coccinélidos (mariquitas) que, al ser modificados genéticamente, permiten el desarrollo de huevos y larvas de avispa en su interior o superficie. Ejemplos notables incluyen la avispa esmeralda (*Ampulex compressa*) o *Dinocampus coccinellae*.

Resulta fascinante que muchos virus utilizados por avispas se concentren en sus ovarios. Los especialistas en entomología emplean el término «virus domesticados» para referirse a estos viriones que coevolucionan con la avispa, perdiendo parte de su material genético y convirtiéndose en una herramienta biológica que el himenóptero utiliza para su beneficio.

La avispa esmeralda (*Ampulex compressa*) [Eric Isselee/Shutterstock].

Retornando a los transgénicos de laboratorio, la elección de virus como vectores dependerá de nuestros objetivos, el material genético a insertar y la eficacia requerida. Cuando las condiciones son óptimas, el uso de virus en transgénesis resulta considerablemente más sencillo y reproducible que técnicas manuales como la microinyección. También influirá si buscamos integración permanente del transgén en el genoma (donde los retrovirus constituyen una opción adecuada) o expresión transitoria (adenovirus, parvovirus), o soluciones intermedias (herpesvirus).

Un ejemplo ilustrativo es una investigación realizada poco antes de la pandemia de COVID-19: «La modificación de un adenovirus común podría utilizarse para tratar tumores cerebrales pediátricos letales». El estudio, desarrollado en el Centro de Investigación Médica Aplicada de la Universidad de Navarra en colaboración con el Centro Oncológico MD Anderson, demostró que la administración del adenovirus transgénico Delta 24-RGD aumentaba la supervivencia frente a gliomas inducidos en modelos animales. Estos resultados, publicados en *Nature Communications*, condujeron a ensayos clínicos.

Los gliomas, caracterizados por su rápido desarrollo y localización, son tumores cerebrales pediátricos con pronóstico desfavorable. La modificación genética realizada permite al adenovirus replicarse específicamente en células cancerosas de glioma intrínseco difuso de tronco y glioma de alto grado pediátrico. Adicionalmente, ensayos clínicos demostraron que, junto a la acción antitumoral directa, el adenovirus inducía una respuesta inmune específica contra células malignas, activando linfocitos T CD8 citotóxicos.

Una dirección prometedora en terapias anticancerígenas contempla el desarrollo de virus transgénicos dirigidos específicamente contra células tumorales, simultáneamente estimulando respuestas inmunes más efectivas, por ejemplo, mediante genes de moléculas inmunoestimuladoras incorporados al propio virus modificado.

MD Anderson Cancer Center de la Universidad de Texas [JHVE Photo/Shutterstock].

VIRUS MODIFICADOS GENÉTICAMENTE PARA SALVAR NUESTRAS COSECHAS

Había considerado titular esta sección como «virus transgénicos», pero aunque resulta más llamativo desde una perspectiva mediática, no siempre sería preciso. Como ya hemos analizado, no todos los organismos modificados genéticamente implican necesariamente transferencia de genes entre especies diferentes. Existe una técnica destacable, que cumple con múltiples ventajas (eficiente, precisa, accesible y beneficiosa), que no recurre a la transgénesis tradicional, permitiendo modificar específicamente determinadas regiones génicas mediante un procedimiento relativamente sencillo y estandarizado, planteando actualmente un desafío normativo en Europa para obtener un marco regulatorio propio.

Un estudio español publicado en la revista internacional *Nature Reviews Bioengineering*, coordinado desde el Instituto de Biología Molecular y Celular de Plantas, centro mixto del CSIC y la Universidad Politécnica de Valencia, establece la estrategia para aplicar la tecnología CRISPR asociada a virus en cultivos vegetales, extendiendo su uso más allá de vacunas o terapias génicas vinculadas a enfermedades en organismos animales. La propuesta fundamental consiste en utilizar virus atenuados para mejorar las características de los cultivos, incrementando su resistencia a condiciones climáticas extremas y cambiantes o producir suplementos dietéticos que optimicen la nutrición humana. Mediante virus modificados genéticamente, seguros pero eficaces, se implementarían metodologías más eficientes y sostenibles, adaptables según los requerimientos específicos, evitando otros compuestos agroquímicos que suelen generar controversia en contextos ecológicos.

Nos aproximamos a una población mundial de 10 000 millones de personas y, naturalmente, necesitamos alimentación diaria. La producción de alimentos requiere inevitablemente modelos y técnicas que garanticen mayor eficacia con menor consumo energético y en superficies más reducidas. Según el estudio mencionado, se pretende desarrollar nuevos vectores virales no patogénicos que, además de resultar inocuos para las plantas, permitan introducir genes específicos en cultivos para, por ejemplo, inducir floración y acelerar cosechas o desarrollar variedades mejoradas. Ante el cambio climático actual, considerar cultivos adaptados o tolerantes a la sequía, o que produzcan moléculas beneficiosas para la salud humana, constituye una aproximación prometedora.

La gran revolución verde liderada por Norman Ernest Borlaug (1914-2009) permitió duplicar la producción mundial de trigo. La próxima revolución necesariamente deberá fundamentarse en avances biotecnológicos. Paradójicamente, según señalan los investigadores participantes en el estudio, mientras está autorizado el uso de virus recombinantes en humanos —como algunas vacunas contra la COVID-19—, las aplicaciones equivalentes en agricultura enfrentan numerosas restricciones. Los seres humanos y animales domésticos pueden beneficiarse de terapias génicas con vectores virales, pero aparentemente no ocurre lo mismo con los cultivos que constituyen nuestra alimentación básica.

Norman Borlaug [CIMMYT].

El caso de Norman Borlaug resulta particularmente significativo. Este agrónomo, genetista, fitopatólogo y humanista estadounidense es considerado el precursor de la agricultura moderna. Su Primera Revolución Verde en los años 60 multiplicó la productividad del trigo, estimándose que gracias a estas innovaciones se salvaron potencialmente más de mil millones de vidas. Para lograr este avance, entre otras metodologías, introdujo semillas híbridas en la producción agrícola de México, Pakistán e India. Sin embargo, ni siquiera su Premio Nobel de la Paz en 1970 evitó críticas severas e injustificadas contra su legado por parte de ciertos grupos autodenominados ecologistas.

Evidentemente, podría argumentarse que existe diferencia entre aplicar un virus recombinante en casos específicos de humanos o animales domésticos y liberarlo en entornos naturales. Esta objeción resulta incorrecta. Actualmente ya se utilizan virus modificados genéticamente, con todos los controles y autorizaciones pertinentes, en el medio ambiente para inmunizar diversos animales silvestres como mapaches, coyotes o zorros. Mediante estas estrategias se ha conseguido erradicar la rabia en Europa y Estados Unidos. Ciertamente, todas estas aplicaciones deben someterse a normativas y controles rigurosos, pero al igual que consideramos prioritaria nuestra salud, respecto a la producción de alimentos seguros y sostenibles, las innovaciones biotecnológicas representan oportunidades que no deberíamos desaprovechar.

En Hawái, el virus de la mancha anular (PRSV) fue responsable de la pérdida masiva de cultivos de papaya, lo que llevó a la investigación y desarrollo de papayas transgénicas resistentes a este patógeno [Yingtu Art/Shutterstock].

VACUNAS Y VIRUS: HISTORIA
Y APLICACIONES

Anteriormente mencioné que, tras el intento fallido de elaborar una rata transgénica resistente a la artritis reactiva inducida con el ACF (Adyuvante Completo de Freund) que contenía la proteína de micobacteria HSP65 (p65), exploramos otra aproximación: desarrollar un virus transgénico portador del gen de la p65 —o su homóloga humana p60— para intentar vacunar a estos roedores contra la artritis. No habiendo logrado incorporar la p65 al genoma completo de una rata, estudiamos la posibilidad de inmunizarla, investigando así la implicación de esta proteína bacteriana en la artritis, con la perspectiva de extrapolar los resultados a humanos.

Para este propósito, trabajamos con varios grupos experimentales: ratas control completamente sanas; ejemplares tratados con ACF para inducir artritis; un tercer grupo vacunado intracardiacamente antes de la inducción de artritis; y un cuarto grupo tratado con el virus recombinante tras la manifestación de síntomas artríticos. Los resultados fueron extraordinarios: tanto las ratas vacunadas preventivamente como las tratadas posteriormente mostraron inhibición o rápida reducción de su índice artrítico. El virus portador de la proteína p65 funcionaba eficazmente como vacuna y como tratamiento.

Estos hallazgos fueron publicados en dos revistas internacionales especializadas en artritis y presentados ante miles de asistentes en el congreso mundial ILAR 93 en Barcelona. Solicitamos autorización a la OMS para iniciar potenciales tratamientos en humanos, pero aparentemente el hecho de que la artritis reumatoide no constituyera una enfermedad letal, sumado a que el tratamiento se basaba en un virus —el mismo que el grupo de Mariano Esteban, del Centro Nacional de Biotecnología, ha empleado para su vacuna contra la covid-19— no favoreció su aprobación. Posteriormente me trasladé a Heidelberg para mi segundo periodo posdoctoral y el proyecto quedó interrumpido. Aproximadamente una década después, supimos que investigadores del Instituto de Investigaciones Químico-Biológicas de la Universidad Michoacana (México) habían continuado esta línea expresando la proteína p65 en hojas de tabaco para su purificación, con la intención de iniciar ensayos clínicos.

En 2019, poco antes del inicio de la pandemia de covid-19, la Organización Mundial de la Salud publicó, como cada año, su listado con las diez principales amenazas para la salud global. De estas, seis eran de naturaleza microbiológica y cinco directamente relacionadas con virus: pandemia de gripe, ébola, dengue, vih, resistencia antimicrobiana —principalmente bacteriana— y la renuncia a la vacunación. Este último aspecto reviste particular importancia, ya que los movimientos antivacunas ideológicos están creciendo en Occidente, constituyendo una causa significativa de reemergencia viral, como se observa con el sarampión.

Rata Lewis durante transgénesis [*¿Qué es un transgénico?*
(y las madres que lo parieron, Sirius].

Durante la pasada pandemia, mientras en los países desarrollados representó una grave alteración, en regiones menos favorecidas supuso una tragedia, con miles de fallecimientos por hambruna e incluso más de 100 000 niños menores de diez años fallecidos por enfermedades prevenibles mediante vacunación, que no pudieron distribuirse adecuadamente debido a las restricciones por confinamiento. El sarampión puede causar la muerte a uno de cada 1000 infectados, lo que nos remite al problema de los movimientos antivacunas.

En 1998, Andrew Wakefield publicó un artículo fraudulento en la prestigiosa revista *Lancet* sobre una supuesta relación entre la vacuna triple vírica (sarampión, rubéola y parotiditis) y el autismo. Este trabajo, que generó gran agitación en círculos contrarios a la vacunación, fue posteriormente desacreditado cuando sus colaboradores admitieron no haber participado en dicho estudio, que resultó ser completamente inventado. Aparentemente, Wakefield mantenía conexiones con despachos jurídicos para beneficiarse económicamente de demandas relacionadas con diagnósticos de autismo en niños vacunados —dos fenómenos absolutamente independientes, como se demostró en una publicación de 2011 en *BMJ*—. Consecuentemente, el artículo fue retirado en 2010 y Wakefield perdió su licencia médica. Sin embargo, este escándalo no afectó significativamente a sus actividades ni a sus seguidores, quienes continúan considerándolo un «héroe que desenmascaró al sistema».

Es momento de abandonar ciertas prácticas ancestrales de «vacunación natural» por exposición directa. Por ejemplo, las denominadas «Fiestas de la Varicela» (*Pox Party*), reuniones sociales donde padres de niños con varicela invitan a otros niños para que contraigan la enfermedad y desarrollen inmunidad natural. Actualmente, estos eventos suelen estar organizados por grupos antivacunas, no solo contra la varicela —que puede manifestarse con extrema gravedad—, sino contra otros virus potencialmente peligrosos como sarampión, gripe o incluso, como se observó durante la pandemia en Tenerife, contra el SARS-COV-2. Estas prácticas, evidentemente controvertidas, requieren intervención decidida por parte de las autoridades sanitarias.

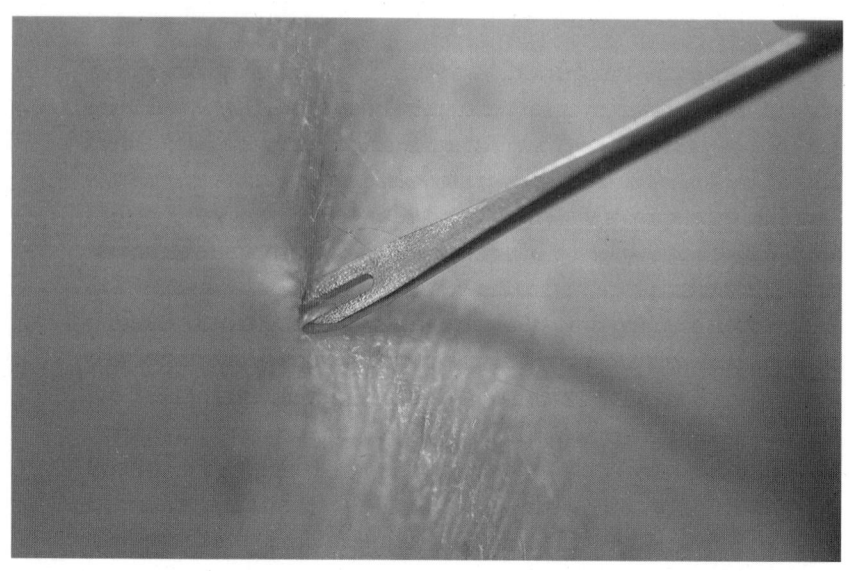

Taller de vacunación mostrando la punta distal de una aguja bifurcada
utilizada en la vacunación contra la viruela [James Gathany/CDC].

Otra práctica histórica de inmunización por exposición controlada al patógeno fue la variolización, empleada por los otomanos entre los siglos xv y xviii para proteger a sus guerreros antes de emprender campañas militares. La técnica, conceptualmente simple aunque arriesgada, consistía en transferir material de pústulas de enfermos de viruela con síntomas leves a personas sanas mediante una pequeña lanceta, con el objetivo de inmunizarlas.

Evidentemente, en aquella época se desconocía completamente la naturaleza viral de la enfermedad; la mayoría de padecimientos se atribuían a castigos divinos, influencia astral o miasmas aéreos —esta última explicación no resultaba completamente desacertada—. No obstante, empíricamente se había observado que las regiones donde se practicaba la variolización experimentaban menor mortalidad durante las epidemias de viruela.

Durante ese periodo, Lady Mary Wortley Montagu (1689-1762), aristócrata y escritora, esposa del embajador británico en Constantinopla, tras presenciar esta práctica otomana, la aplicó a su propia familia y la difundió entre la élite británica.

Posteriormente, el médico rural Edward Jenner (1749-1823), conociendo este procedimiento y observando que las ordeñadoras que contraían la viruela vacuna (una enfermedad benigna) quedaban protegidas contra la viruela humana, realizó un experimento que le consagró como padre de la vacunación moderna: inoculó al niño James Phipps, de ocho años, con material de pústulas de viruela vacuna procedente de la ordeñadora Sarah Nelmes, y seis semanas después le expuso a secreciones de un enfermo de viruela humana. El experimento resultó exitoso; James no desarrolló la enfermedad y vivió hasta los 65 años, habiendo sido el primer sujeto humano en recibir una vacuna experimental.

La asociación entre las ordeñadoras y su resistencia a la viruela generó numerosas referencias culturales, incluidos poemas sobre la belleza de estas mujeres que, al no sufrir las cicatrices características de la enfermedad, conservaban su apariencia. Entre estas referencias destaca la «Serranilla VI - La vaquera de la Finojosa» del Marqués de Santillana, que no me resisto a recordar: «Moza tan fermosa / non vi en la frontera, / como una vaquera / de la Finojosa. / Faciendo la vía / del Calatraveño / a Santa María, / vencido del sueño, / por tierra fragosa / perdí la carrera, / do vi la vaquera / de la Finojosa. / En un verde prado / de rosas e flores, / guardando ganado / con otros pastores, / la ví tan graciosa / que apenas creyera / que fuese vaquera / de la Finojosa».

Investigaciones recientes de la científica brasileña Clarissa Damaso sugieren que el virus empleado por Jenner podría no haber sido realmente viruela vacuna sino viruela equina, filogenéticamente relacionada. El propio Jenner, en un texto de 1798, indicaba que la enfermedad progresaba desde el caballo al pezón bovino y de ahí a las manos de las ordeñadoras. Esta hipótesis, aunque minoritaria entre virólogos, plantearía que la denominación «vacunación» podría haber sido «equinación».

Según la Asociación Española de Vacunología, los testimonios escritos más antiguos sobre variolización proceden de la China del siglo XVII a través de los médicos Nie Jiuwu y Zhang Lu, quienes la describen como una práctica ancestral originada en Jiangxi. Se documentaron hasta tres metodologías diferentes: 1) Introducción en ambas fosas nasales de algodón impregnado con pus de pústulas de individuos con viruela leve; 2) utilización de costras pulverizadas, conservadas durante tiempo, que se insuflaban en las fosas nasales; 3) vestir a niños sanos con ropas de enfermos. En cualquier caso, el variolizado desarrollaba fiebre y una forma generalmente moderada de la enfermedad. Esta técnica evolucionó hasta el uso de la lanceta descrita por Lady Montagu y empleada por Jenner, representando el primer virus «domesticado» conscientemente por la humanidad, iniciando el fin de uno de los patógenos más letales de la historia.

La noticia sobre la protección contra la viruela se difundió rápidamente por Europa a partir de 1796, iniciándose programas de vacunación masiva en colonias y territorios ultramarinos. En regiones septentrionales como Estados Unidos o Canadá, el transporte del material vacunal resultaba relativamente sencillo, conservándolo entre portaobjetos sellados con cera. Sin embargo, en las colonias españolas, con temperaturas más elevadas, el virus perdía viabilidad durante el viaje, requiriendo métodos alternativos.

El programa de vacunación llegó a España hacia 1800, período en que Europa registraba anualmente más de 500 000 fallecimientos por viruela. Paradójicamente, comenzaron a surgir grupos opositores a esta práctica. Resultaba especialmente pertinente llevar la vacuna a las colonias españolas, considerando que previamente habíamos introducido la viruela, diezmando poblaciones en vastas regiones del imperio, posiblemente contribuyendo a la extinción de civilizaciones como la inca y azteca.

La viruela afectaba indiscriminadamente a todas las clases sociales. El emperador Carlos IV experimentó personalmente esta angustia cuando la Infanta María Luisa contrajo la enfermedad a finales del siglo XVIII, circunstancia que probablemente aceleró la implementación de programas de variolización y la posterior expansión de la vacuna, aprobando un ambicioso proyecto para llevarla a las Indias.

Este proyecto se autorizó definitivamente a principios de 1803 —con una duración de tres años—, designando al médico Francisco Xavier de Balmis (1753-1819) como director de la expedición y a José Salvany y Lleopart (1778-1810) como ayudante y subdirector, quien fallecería durante la misión debido a «fiebres».

El transporte de la vacuna viable desde España a las colonias se realizó mediante «portadores humanos»: 22 niños procedentes de un orfanato de La Coruña, acompañados por su cuidadora y madre de uno de ellos, Isabel Zendal Gómez (1773-1811). A bordo de la corbeta María Pita —que zarpó del puerto coruñés el 30 de noviembre de 1803—, los niños eran variolizados secuencialmente en parejas, transmitiendo la vacuna entre ellos.

Tras una escala en Canarias, la expedición cruzó el Atlántico hasta Puerto Rico y posteriormente Venezuela, donde se dividió en dos rutas: una dirigida por Balmis hacia Cuba, Mérida, Yucatán, México y desde allí atravesando el Pacífico hasta Filipinas, Macao y Cantón, regresando a España en 1806; la otra, liderada por Salvany, recorrió Sudamérica visitando Venezuela, Panamá y toda la costa pacífica (Ecuador, Perú, Chile y Bolivia). Salvany falleció tras siete años de expedición en Cochabamba, Bolivia.

En 2003 se conmemoró el bicentenario de la Real Expedición Filantrópica de la Vacuna, evento que pasó relativamente inadvertido en España a pesar de haber salvado millones de vidas.

Grabado de la corbeta María Pita zarpando de uno de los puertos del Caribe
[Francisco Pérez/BNE].

Respecto al destino de los niños participantes, aunque pueda considerarse éticamente cuestionable utilizar menores como portadores biológicos, conviene contextualizar históricamente: estos niños procedían de orfanatos con limitada esperanza de vida. Durante la travesía falleció un niño (y varios adultos), pero el resto llegó vacunado y en buenas condiciones a América, siendo adoptados por familias prominentes de las colonias. Algunas fuentes sugieren que determinadas familias acomodadas latinoamericanas podrían descender de estos niños.

Una enfermera vacuna a un niño [Wellcome Collection].

LAS GRANDES PANDEMIAS DE LA HISTORIA

Estamos explorando un libro con abundante contenido sobre virus, y con ellos continuaremos. Antes de profundizar en las vacunas, resulta pertinente hacer un breve repaso de las principales pandemias históricas. Sería inviable examinar exhaustivamente todas las plagas y amenazas patógenas de los diversos reinos biológicos. Sin embargo, conviene al menos mencionar aquellos agentes microscópicos que pusieron en jaque a nuestra civilización, alteraron el curso de la historia interrumpiendo dinastías reales e imperiales, diezmaron ejércitos o paralizaron economías.

Ciertamente, existen parásitos como el causante de la malaria —un protozoo del género *Plasmodium*— que han supuesto, y continúan representando, un registro extraordinario de muertes y afectados a lo largo de la historia. Sigue obstaculizando el desarrollo humano en aquellas regiones del planeta donde las altas temperaturas y humedad favorecen la proliferación de su vector principal, el mosquito del género *Anopheles* —diferente de los mosquitos *Aedes* que transmiten Zika, dengue, chikungunya o fiebre amarilla—. En España padecimos malaria hasta que a mediados del siglo pasado los tratamientos con DDT la erradicaron de nuestros humedales. Considero que el uso del DDT fue necesario en muchos países en aquel momento, como actualmente sucede en regiones donde la malaria y otras enfermedades desatendidas siguen causando la muerte a cientos de miles de personas, especialmente niños, cada año. La malaria, aunque puede considerarse pandémica por la cantidad de países afectados —y que afectará con el cambio climático— no se clasifica habitualmente como «plaga» histórica, término reservado para fenómenos patogénicos de gran magnitud. Enumeremos algunas de las principales pandemias:

Causada casi con total seguridad por el virus de la viruela —aunque algunos investigadores se inclinan por el sarampión— entre los años 165 y 192 de nuestra era. Causó aproximadamente cinco millones de muertes en un mundo que no alcanzaba los 250 millones de habitantes. También se la conoce como la plaga de Galeno. Las campañas del Imperio romano en las fronteras orientales obligaron al emperador Marco Aurelio a enviar numerosas legiones —más de 100 000 hombres— para intentar expulsar a los partos que habían penetrado en Siria y recuperar Armenia y Mesopotamia. El Imperio parto o arsácida fue una de las principales potencias del antiguo Irán. Cuando los legionarios regresaron a Roma, trajeron consigo algo más que riquezas materiales. La peste antonina se extendió por todo el imperio, causando la muerte incluso al coemperador Lucio Aurelius Vero (130-169), hijo adoptivo, junto a su hermano y también emperador Marco Aurelio, de Antonino Pío —origen del nombre de la pandemia—. Falleció más del 25 % de los infectados, aproximadamente 2000 personas diarias en Roma. Esta pandemia diezmó al ejército imperial romano.

El ángel de la muerte golpeando una puerta durante la plaga de Roma.
[Grabado por Levasseur a partir de una obra de J. Delaunay].

Plaga de Justiniano

Afectó, entre los años 541 y 750 —aunque los primeros años fueron los más devastadores—, nuevamente al Imperio romano, pero esta vez al de Oriente —Imperio bizantino—. Se atribuye a la peste bubónica (bacteria *Yersinia pestis*). El conjunto de continentes afectados —Europa, Asia y África— podría haber perdido entre el 15-25 % de su población, considerándose una de las epidemias puntuales más graves de la historia. Desde entonces, se han documentado al menos 18 brotes más en Occidente —el de 1347-1352, también conocido como peste negra, en referencia a la gangrena necrótica característica, fue el más terrible, ampliamente documentado y representado en literatura y manifestaciones artísticas—. La bacteria causante —actualmente tratable con antibióticos— afecta a los tejidos de axila e ingle formando ampollas denominadas bubones. En años recientes se han producido brotes en países como República Democrática del Congo o Madagascar.

Viruela

Este poxvirus ha sido, hasta su erradicación en 1979, uno de los mayores causantes de mortalidad humana. Solo en 1520 se estima que causó 56 millones de muertes —afectando indiscriminadamente a todas las clases sociales—, aproximadamente el 10 % de la población mundial contemporánea. Como dato significativo, solo en los últimos 100 años, ya disponiendo de una vacuna preventiva eficaz, fallecieron más de 500 millones de personas. Finalmente, mediante un programa mundial de vacunación, el 9 de diciembre de 1979 una comisión internacional certificó la erradicación de la viruela —el último caso documentado correspondió a un joven somalí, que sobrevivió—, siendo aceptada en 1980 por la Asamblea Mundial de la Salud de la OMS.

Como hemos señalado anteriormente, aunque los virus con ADN como material genético mutan más lentamente, todos los virus evolucionan y ocasionalmente modifican su virulencia al adaptarse a nuevos hospedadores o grupos específicos dentro de una especie. Recientemente, la oms declaró emergencia internacional por la expansión, principalmente en África Subsahariana, de un nuevo subtipo (subclado) del mpox (Monkeypox) denominado Ib.

Aunque en virología el riesgo cero no existe y cualquier escenario es plausible considerando la evolución, no nos encontramos ante una situación comparable a marzo de 2020. Mpox es un virus más complejo, con menor tasa de mutación que los coronavirus de ARN, y la inmunidad adquirida mediante infección o vacunación probablemente perdure significativamente más tiempo, posiblemente durante toda la vida. Este virus, a diferencia de la extinta viruela humana, posee reservorios animales como ardillas o ratas gigantes africanas. De hecho, los primates serían víctimas accidentales como los humanos.

En 2022 experimentamos varios brotes en Europa, siendo España el país más afectado con más de 8000 casos reportados. El perfil predominante del infectado era hombre, menor de 45 años, con prácticas sexuales homosexuales, aunque es fundamental clarificar que mpox no constituye un virus de transmisión sexual, sino un agente infeccioso transmisible por contacto estrecho —incluyendo el sexual—, por contacto con animales infectados o con personas que presenten lesiones activas similares a las características de la viruela clásica. También puede transmitirse a través de mucosas y sus secreciones o mediante objetos contaminados por un infectado.

A finales de julio de 2024 surgieron alertas por el nuevo mpox Ib, aparentemente más contagioso y potencialmente más virulento que el clado II de 2022, afectando principalmente a población joven, incluso menores de cinco años, en regiones como República Democrática del Congo, Kenia, Uganda y países limítrofes. Sin embargo, la declaración de emergencia internacional de la oms no pretende alarmar a la población mundial, sino alertar a los centros de control epidemiológico para coordinar esfuerzos de caracterización y seguimiento de casos, análisis de aguas residuales, aprovisionamiento de vacunas, cooperación internacional y concienciación de poblaciones vulnerables.

La viruela es un virus de ADN. Como todos los virus, experimenta mutaciones durante su replicación, pero a un ritmo inferior a los virus de ARN. Esta característica, junto con el hecho de que los humanos constituíamos prácticamente su único hospedador, permitió que los efectos de la vacuna persistieran temporalmente, observándose que mpox resultaba menos agresivo en personas mayores de 50 años con memoria inmunológica frente a su pariente lejano, la viruela humana.

Gripe de 1918-1920 (gripe española)

Su origen exacto permanece indeterminado, pero evidencias apuntan a una transmisión del genotipo H1N1 desde un ave infectada a un trabajador, probablemente de origen chino, que emigró a Estados Unidos para incorporarse a las obras del ferrocarril cercano a la base militar de Fort Riley, poco antes de que tropas estadounidenses partieran hacia Europa para participar en la Primera Guerra Mundial. Causó entre 50 y 100 millones de fallecimientos, directa o indirectamente, superando según algunas fuentes la mortalidad combinada de ambas guerras mundiales. Debe considerarse que afectó a una Europa devastada económica, social y sanitariamente.

Se considera la pandemia gripal más devastadora registrada. La denominación «gripe española» se atribuye a que, siendo España un país neutral durante el conflicto bélico, no censuró la información periodística sobre la pandemia, circunstancia aprovechada por otras naciones para asociarla con nuestro país. España también sufrió gravemente sus efectos: aproximadamente ocho millones de infectados y más de 300 000 fallecimientos. En aproximadamente dos años, el virus se adaptó a nuestra especie —y recíprocamente— transformándose en un patógeno estacional, proceso que posiblemente experimentará el SARS-COV-2.

Manifestantes durante una marcha por los derechos de los
homosexuales dedicada a las víctimas del SIDA, ciudad de Nueva York,
26 de junio de 1983 [John T. Bledsoe/Library of Congress].

VIH-SIDA

Aunque oficialmente identificada en 1981 —y aún presente—, esta pandemia se originó probablemente décadas antes, cuando este retrovirus (lentivirus) realizó el salto desde varias especies de simios —chimpancé y gorila— a humanos. Desde sus inicios, estigmatizando determinados colectivos, el virus ha causado aproximadamente 40 millones de fallecimientos. Actualmente, con tratamientos antirretrovirales efectivos que permiten una calidad de vida prácticamente normal —al menos en países desarrollados—, existen otros 40 millones de personas con infección crónica, registrándose cerca de 1,5 millones de nuevos casos y más de 600 000 defunciones anuales.

Según ONUSIDA, aproximadamente el 53 % de infectados son mujeres y niñas. Cerca del 14 % desconocen su condición serológica y el 76 % de quienes la conocen reciben tratamiento. Como dato esperanzador, desde el pico alcanzado en 1995, las nuevas infecciones por VIH han disminuido un 59 %, y las muertes un 69 %. En África subsahariana, el 77 % de nuevas infecciones corresponden a mujeres adolescentes entre 15 y 24 años, con triple probabilidad de infectarse comparadas con sus homólogos masculinos. Afortunadamente, el genotipo predominante en estas regiones suele ser el VIH-2 —endémico de África Occidental en países como Gambia, Ghana, Nigeria o Senegal—, menos virulento que el VIH-1, predominante en Occidente.

Globalmente, la prevalencia media del VIH en población adulta (15-50 años) es 0,7 %, aunque varía significativamente según grupos específicos: 10,3 % en personas transexuales, 7,5 % en hombres que mantienen relaciones sexuales con hombres, 5 % en consumidores de drogas inyectables, 2,5 % en trabajadores sexuales y 1,4 % en población reclusa. El objetivo estratégico para 2030 establece: 95 % de personas diagnosticadas con VIH, 95 % con acceso a tratamiento, y mantener al 95 % con carga viral indetectable, alcanzando «Cero Transmisión».

Otras pandemias relevantes

Debemos mencionar otras importantes pandemias y amenazas para la humanidad causadas por diversos patógenos: parásitos protozoos como los responsables de malaria, enfermedad de Chagas, enfermedad del sueño o leishmaniasis, provocados por organismos de géneros como *Plasmodium*, *Trypanosoma* o *Leishmania*, transmitidos por artrópodos como mosquitos, otros dípteros y chinches; bacterias como la responsable de peste bubónica ya mencionada, cólera o tuberculosis —históricamente una de las más letales—.

Respecto a virus, destacan las diversas pandemias gripales —la aviaria H5N1 representa una amenaza potencial— y de coronavirus, tanto catarrales (229E, NL63, OC43 y HKU1), como el SARS-COV-1, el MERS (síndrome respiratorio de oriente medio) y, evidentemente, el SARS-COV-2.

Desde una perspectiva zoológica, el organismo más letal históricamente no supera algunos milímetros de longitud y típicamente es hembra: el mosquito, invertebrado que ha causado indirectamente más muertes humanas que serpientes, cocodrilos, tigres, hipopótamos o arácnidos combinados. Las estimaciones sugieren que han provocado un número de fallecimientos superior a la población mundial actual, transmitiendo parásitos, virus y principalmente protozoos.

Estas pandemias constituyen motivos fundamentales para continuar invirtiendo en vacunas y nuevos tratamientos. Centrándonos en las vacunas dirigidas contra enfermedades virales o con base vírica, planteemos una cuestión importante: Si dispusiéramos de recursos ilimitados para desarrollar una vacuna ideal, ¿qué características debería poseer? Consideremos, por ejemplo, una vacuna destinada a niños en comunidades remotas del África subsahariana.

VACUNAS ACTUALES CON BASE VIRAL

Una vacuna ideal debería cumplir varios requisitos fundamentales. Los más importantes serían: ausencia de toxicidad a la dosis efectiva, facilidad y economía en su diseño, eficacia en la inmunización de células B y T —respuesta humoral y celular—, protección duradera, facilidad de transporte, administración en dosis única, estabilidad a temperatura ambiente, administración oral y, preferentemente, capacidad esterilizante, es decir, que no solo proteja contra la enfermedad, sino que impida la transmisión del patógeno. Desafortunadamente, no existe actualmente una vacuna que reúna todas estas características.

Tras el éxito de la vacuna de Jenner, se desarrollaron numerosas vacunas incluso antes de conocer la naturaleza de los virus o poder visualizarlos. Un ejemplo notable es la historia de Louis Pasteur (1822-1895) y su vacuna contra el virus de la rabia (*Rhabdoviridae*), aplicada por primera vez en 1885 a Joseph Meister (1876-1940), un niño de nueve años mordido por un perro rabioso.

Ante una situación desesperada —la mordedura de un perro rabioso significaba prácticamente una sentencia de muerte— la madre de Meister recurrió a Pasteur, ya reconocido científicamente, quien había estado experimentando en conejos una posible vacuna contra esta enfermedad. El virus utilizado por Pasteur era el propio virus de la rabia atenuado mediante cultivos repetidos hasta perder su virulencia. Joseph Meister sobrevivió y, posteriormente, como adulto, trabajó como vigilante en el Instituto Pasteur hasta su fallecimiento a los 64 años. Según algunas fuentes, al no poder impedir la entrada del ejército alemán en la cripta donde reposaban los restos de Pasteur durante la ocupación de París, regresó a su domicilio y se suicidó.

Otra vacuna histórica con una trayectoria conmovedora es la desarrollada contra la poliomielitis, disponible tanto en versión inactivada, creada por Jonas Edward Salk (1914-1995) y declarada segura en 1955, como en versión atenuada, desarrollada por Albert Bruce Sabin (1906-1993) e implementada masivamente a partir de 1962.

El virus de la poliomielitis, perteneciente a la familia *Picornaviridae*, está próximo a la extinción gracias a las campañas de vacunación, aunque hasta mediados del siglo XX provocaba brotes severos que llenaban hospitales con pacientes afectados de parálisis total por poliomielitis bulbar. La situación comenzó a mejorar en 1957 con la vacuna inactivada, reduciendo la transmisión desde aproximadamente 1500 casos por cada 100 000 habitantes a menos de 200 en 1961. Posteriormente, la vacuna atenuada logró disminuir aún más esta cifra. Actualmente, de los tres serotipos virales existentes (1, 2 y 3), solo el primero permanece activo en la naturaleza, con menos de 35 casos detectados globalmente en 2018, aunque se registró un incremento hasta 540 casos en 2019 debido, en parte, al negacionismo y la movilidad poblacional en países donde el virus persiste.

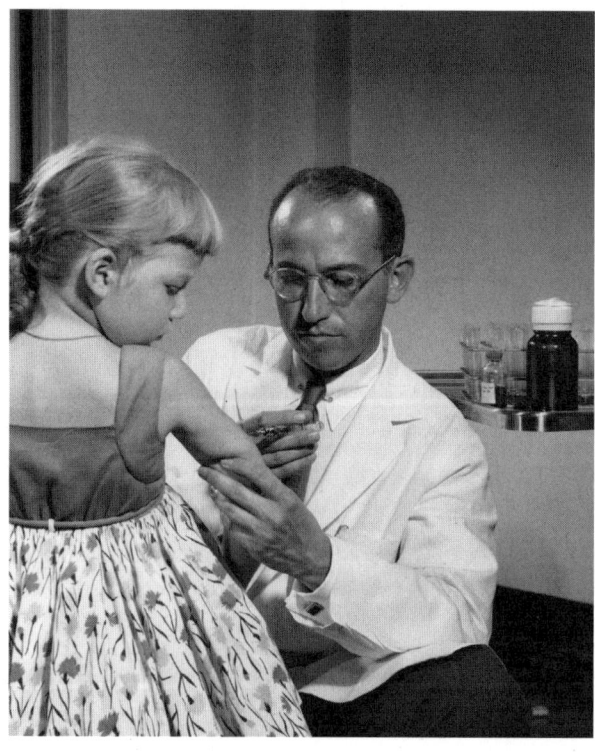

Jonas Salk vacuna a una jovencita contra la poliomielitis (vacuna inactivada) [Yousuf Karsh].

Recientemente, la Organización Mundial de la Salud ha alertado sobre el aumento de casos de poliomielitis en Gaza. Específicamente, se ha detectado la variante de origen vacunal de tipo 2 en muestras ambientales. Desde Ginebra advierten que la presencia del virus en aguas residuales indica probablemente un incremento de su circulación entre una población ya expuesta a numerosas amenazas biológicas debido a condiciones higiénicas precarias.

Mundialmente, sin embargo, los casos de poliomielitis continúan siendo escasos y, con esfuerzo sostenido y responsabilidad, el virus —y consecuentemente la enfermedad— podría desaparecer pronto. El fotógrafo brasileño Sebastião Salgado (1944) documentó este esfuerzo en su extraordinario reportaje para UNICEF «El fin de la polio», realizado en 2001 durante una extraordinaria campaña mundial para vacunar coordinadamente a más de 250 millones de niños.

La erradicación estaba prevista inicialmente para 2004, aunque actualmente algunos genotipos del virus continúan persistiendo. Únicamente la cepa 1 permanece en circulación libre, aunque también se han registrado efectos adversos esporádicos con la vacuna oral contra la cepa 2, que los científicos intentan resolver mediante versiones más modernas y estables. La Iniciativa Mundial para la Erradicación de la Polio (GPEI) busca activamente completar la eliminación definitiva del virus, minimizando los brotes causados por cepas mutantes derivadas de la propia vacuna (particularmente polio tipo 2). Esta iniciativa cuenta con el respaldo de la Fundación Bill y Melinda Gates.

La vacuna oral de Albert Sabin (OPV), con cuatro décadas de utilización, presenta ventajas significativas: económica, eficaz y sencilla de administrar, requiriendo únicamente dos gotas en la lengua del niño. Se produce a partir de un virus atenuado que, aunque incapaz de causar parálisis en el vacunado, mantiene capacidad de replicación intestinal y, consecuentemente, de mutar y potencialmente revertir su virulencia. El paciente vacunado puede excretar el virus vacunal en heces durante semanas, propagándolo a otras personas no vacunadas y, teóricamente, protegerlas indirectamente —fenómeno denominado vacunación colectiva por «contagio»—. Por el contrario, la vacuna inactivada de Salk se administra mediante inyección y no resulta transmisible.

La vacuna oral ha sido fundamental para aproximar al virus salvaje de la poliomielitis a la extinción, aunque persiste en Pakistán y Afganistán. Desafortunadamente, en regiones con tasas bajas de inmunización, la OPV puede transmitirse entre niños susceptibles durante varias semanas, experimentando mutaciones que potencialmente recuperen parcialmente su virulencia y capacidad de causar parálisis y propagarse. Esta problemática era particularmente preocupante respecto a la vacuna contra el virus tipo 2.

Los investigadores enfrentaron una disyuntiva: «la OPV era la única vacuna capaz de controlar brotes en entornos desfavorecidos, pero en determinadas circunstancias podía revertir y provocar la enfermedad que intentaba prevenir». Así, surgió la propuesta de modificar la OPV conforme disminuían los brotes por cepas salvajes, transitando progresivamente de vacuna trivalente a bivalente y, finalmente, monovalente.

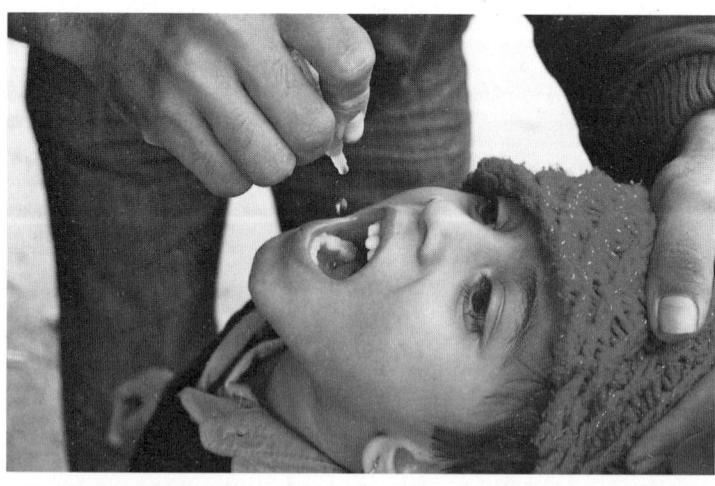

Un niño nepalí recibe la vacuna oral contra la polio durante una campaña de inmunización en Nepal, 2014. La imagen, capturada por el epidemiólogo de los CDC Adam Bjork, documenta el trabajo del programa STOP polio (*Stop Transmission of Polio*), iniciativa global para erradicar la enfermedad en zonas de alto riesgo. Administrada en gotas, sigue siendo clave en la lucha contra este virus incapacitante [Adam Bjork/CDC].

El desafío era especialmente significativo en África. Por ello, se desarrolló en 2011 una nueva vacuna denominada NOPV2, distribuida a partir de 2020 —con interrupciones debido a la pandemia de COVID-19—, demostrando mayor estabilidad genética. Este desarrollo colaborativo involucró instituciones como el Instituto Nacional de Estándares y Control Biológicos del Reino Unido, la Universidad de California en San Francisco, los Centros para el Control y la Prevención de Enfermedades (CDC) y la Administración de Alimentos y Medicamentos de EE.UU.

Mediante mutaciones específicas en el extremo del genoma viral, la vacuna Sabin original consiguió atenuarse para conferir protección sin provocar enfermedad. Actualmente, los científicos han modificado la nueva vacuna introduciendo 18 cambios en los nucleótidos del genoma viral, siendo particularmente relevante uno que impedirá las restantes mutaciones. Los resultados preliminares en términos de eficacia y seguridad han sido excelentes, continuando la vigilancia para evaluar su estabilidad a largo plazo. Para declarar erradicado este virus, es necesario que los países problemáticos confirmen la ausencia de nuevos casos durante al menos dos años consecutivos.

La pandemia de COVID-19 provocó efectos colaterales adversos, como el incremento de sarampión y poliomielitis, especialmente en África. Esperamos que este avance científico alcance al mayor número posible de niños globalmente, previniendo nuevos brotes causados tanto por el virus salvaje como por cepas derivadas de la vacunación.

Al considerar vacunas actuales contra virus con controversias infundadas, como su supuesta relación con el autismo, debemos destacar la triple vírica (sarampión, rubéola y parotiditis). Aunque podría parecer una problemática histórica en Occidente, el sarampión —uno de los agentes infecciosos más transmisibles— continúa causando miles de fallecimientos anuales.

A partir de 1960 comenzaron a desarrollarse vacunas individuales atenuadas, con mínima posibilidad teórica de reversión virulenta. Finalmente, la vacuna combinada se incorporó a los calendarios de vacunación infantil a principios de los años 80, administrada en una única dosis inyectable. Esta vacuna pre-

El Dr. Albert Sabin examina una vacuna contra la polio
[United Press International/Library of Congress].

senta aproximadamente un 95 % de eficacia contra sarampión y rubéola, algo menor contra parotiditis.

En relación con los debates actuales sobre si determinadas vacunas son esterilizantes, es importante señalar que el sarampión es un virus transmisible mediante secreciones nasales y aerosoles, similar al coronavirus pero con mayor transmisibilidad incluso que la variante ómicron. Puede infectar las mucosas orofaríngeas de personas vacunadas aunque, generalmente, sin provocar enfermedad y limitando significativamente su replicación. No obstante, un solo caso de sarampión en un entorno como un aula podría potencialmente transmitir el virus a más de 18 compañeros, causando enfermedad en aquellos no vacunados o inadecuadamente inmunizados.

En 2010 se produjo un precedente singular cuando un juez ordenó la vacunación obligatoria de 35 niños tras un brote en el Albaicín (Granada), medida excepcional según la Consejería de Salud de la Junta de Andalucía, para controlar un brote epidémico en un centro escolar ocasionado por la negativa de algunos progenitores a vacunar a sus hijos.

El virus Varicela-Zóster (VZV) pertenece a la familia de los herpesvirus. Tras una infección aguda, que generalmente en menores de 12 años presenta un curso benigno, el virus establece latencia en ganglios neuronales sensitivos de la raíz dorsal medular, donde puede permanecer indefinidamente sin manifestaciones. Sin embargo, ocasionalmente, con el envejecimiento —y el correspondiente declive inmunitario—, diversas circunstancias pueden provocar su reactivación, manifestándose como herpes zóster (popularmente conocido como «culebrilla»).

En la década de 1970 se desarrolló en Japón una vacuna atenuada eficaz contra la varicela, y hacia 2006 otra específica contra la reactivación del zóster —recientemente actualizada mediante tecnología recombinante—. Un estudio publicado en *Nature Medicine* el 25 de julio de 2024 reveló hallazgos prometedores: «la vacuna recombinante contra el zóster está asociada con un menor riesgo de demencia». Los investigadores, coordinados desde la Universidad de Oxford, observaron que personas vacunadas con la actual vacuna recombinante —diferente de la atenuada («viva») utilizada anteriormente— presentaban menor riesgo de desarrollar ciertos tipos de demencia, especialmente las mujeres.

El mecanismo protector no está completamente elucidado. Por una parte, la vacunación contra un virus potencialmente asociado con riesgo de demencia lógicamente conferiría protección, similar a cómo la vacunación contra el papilomavirus protege contra determinados tumores. Alternativamente, según los investigadores, algún componente vacunal podría generar respuestas que ralentizaran, aunque no previniera completamente, el inicio de procesos demenciales. Considerando la excelente seguridad de la vacuna contra el zóster, podría contemplarse su administración masiva a partir de determinada edad.

Para finalizar, mencionaremos dos vacunas especiales que no contienen el virus completo sino algunos de sus antígenos más inmunogénicos —proteínas específicas con elevada capacidad de activar respuesta inmunitaria—: las vacunas contra la hepatitis B (HBV) y contra el Virus del Papiloma Humano (HPV). Ambas constituyen preparaciones estándar, sencillas de producir, con mínimos efectos adversos y elevada eficacia. No se han documentado fallecimientos directamente atribuibles a la vacuna contra el papiloma, mientras que millones de mujeres se han beneficiado al evitar el desarrollo de cáncer cervical o vaginal gracias a la inmunización, considerando que determinados genotipos virales (como 16 y 18) están asociados con procesos malignos.

El virólogo que estableció la relación entre la infección por papilomavirus y cáncer fue Harald zur Hausen (1936-2023), galardonado con el Premio Nobel en Fisiología y Medicina en 2008 e investigador del Centro Alemán de Investigaciones Oncológicas, donde ejerció como director durante el periodo 1993-1996 en que realicé mi estancia posdoctoral. Recientemente, en numerosos países se ha aprobado la inclusión en el calendario vacunal de la inmunización contra el papiloma también para varones, decisión lógica aunque considerablemente tardía.

Respecto al coronavirus, la diversidad de aproximaciones vacunales desarrolladas —atenuadas, inactivadas, recombinantes, proteicas, de ADN y ARN— merecería un análisis específico extenso.

ANÁLISIS COMPARATIVO Y EVOLUCIÓN TECNOLÓGICA DE LAS VACUNAS VIRALES

Hemos revisado algunas de las vacunas elaboradas con virus y contra enfermedades víricas. Actualmente, numerosas empresas trabajan intensamente para producir nuevos medicamentos basados en ARN mensajero (mRNA). Sin embargo, históricamente podemos clasificar las vacunas en dos grandes categorías: inactivadas y atenuadas. Considero importante explicar algunas diferencias, ventajas e inconvenientes de ambos tipos:

Las vacunas inactivadas utilizan virus —o bacterias en el caso de otras enfermedades— inactivados, fijados, incapaces de replicarse y, por tanto, de producir enfermedad. Se emplean diversos métodos para inactivarlos: formaldehído y compuestos similares, detergentes, calor, modificación del pH o radiación ultravioleta, entre otros. Mediante este proceso, el virus pierde su capacidad de replicación, invasión y expansión, eliminando su potencial patogénico.

El principal inconveniente radica en que, para activar parte de la efectiva respuesta inmunitaria mediada por linfocitos T citotóxicos (T CD8), el virus debe penetrar en las células, replicarse y emitir señales desde células infectadas. Con la inactivación, se pierde parcialmente esta respuesta adaptativa, delegando la protección principalmente en los linfocitos B productores de anticuerpos. Constituye una opción adecuada cuando no existen alternativas o, como en el caso del virus de la poliomielitis, cuando ya no hay transmisión activa pero se mantiene la vacunación preventiva.

Las vacunas atenuadas representan, esencialmente, lo contrario a las anteriores. El virus mantiene capacidad replicativa, viabilidad, pero ha perdido su capacidad patogénica mediante pases repetidos en líneas celulares, modelos animales o crecimiento in vitro en condiciones desfavorables —con urea, como en el caso de la varicela—. Al conservar capacidad replicativa, el virus induce una respuesta inmunitaria específica más completa y robusta, pero esta ventaja conlleva un riesgo inherente:

el virus, con elevada capacidad mutacional, excepcionalmente —casos extremadamente raros, uno entre cientos de miles o millones de vacunados— podría revertir su fenotipo y recuperar virulencia, provocando manifestaciones similares a la enfermedad natural. Como mencionamos anteriormente, se han documentado casos de reversión con algunas vacunas contra poliovirus, aunque también han ocurrido problemas con vacunas incorrectamente inactivadas. El riesgo cero no existe prácticamente en ninguna actividad humana.

Además de estos dos tipos clásicos —inactivado y atenuado—, nuevas generaciones de vacunas basadas en virus han evolucionado e incorporado al calendario vacunal. Hemos mencionado aquellas constituidas únicamente por proteínas virales específicas, como el denominado Antígeno Australia de la hepatitis B o las VLP (*Virus-Like Particles*) del virus del papiloma —denominadas así porque las proteínas virales se agregan formando estructuras esféricas similares a virus, aunque sin capacidad infecciosa—. Mediante este enfoque, incluso empresas españolas como Hipra han desarrollado vacunas contra el SARS-COV-2 basadas en proteínas.

Las vacunas de ARN mensajero que codifican proteínas específicas —como la Espícula del coronavirus— han alcanzado prominencia. En otros casos, pueden emplearse enfoques similares con ADN o, como mencionamos anteriormente, crear virus recombinantes que expresen proteínas de otros virus contra los que buscamos protección.

Los vacunólogos clasifican actualmente las vacunas en diversos subtipos, organizados desde los más clásicos hasta los más innovadores:

1. VACUNAS EMPÍRICAS: Desarrolladas mediante ensayo y error en modelos animales con patógenos inactivados o atenuados. Ejemplos incluyen las mencionadas contra polio, sarampión, formulaciones iniciales contra gripe, rabia —y de origen bacteriano como difteria, tétanos o la antigua BCG contra tuberculosis bovina, administrada hasta los años 80 para proteger contra formas graves de tuberculosis humana—.

2. Vacunas mediante ADN recombinante: Incluyen construcciones virales que expresan genes de proteínas específicas, como las vacunas de AstraZeneca, Janssen y algunas desarrolladas en Rusia o China contra SARS-COV-2; también vacunas donde se administra directamente la proteína purificada, como las elaboradas contra HBV o HPV —y contra bacterias como *Bordetella pertussis*, causante de tosferina, o *Borrelia*, transmitida por garrapatas y responsable de la enfermedad de Lyme—.

3. Vacunas por glicoconjugación: Basadas en moléculas creadas mediante la unión y modificación de proteínas con carbohidratos o lípidos. Aunque menos conocidas, incluyen vacunas contra patógenos causantes de neumonías y meningitis, como Hib, dirigida contra *Haemophilus influenzae* tipo b.

4. Vacunas generadas por genética reversa: Parten de estudios bioinformáticos, inicialmente aplicados contra la bacteria del meningococo B. Identifican en el genoma del patógeno los genes más implicados en virulencia o con mayor capacidad inmunogénica. Posteriormente, utilizando su ARN mensajero y mediante retrotranscriptasa, sintetizan el ADN correspondiente para expresarlo con técnicas de biología molecular. Las actuales vacunas antigripales suelen emplear este enfoque.

5. Vacunas de nueva generación: Además de las exitosas vacunas de ARN, existen aproximaciones basadas en vacunología sintética —síntesis in vitro de péptidos candidatos a antígenos— y vacunología estructural, que mediante estudios computacionales de estructuras moleculares, inmunología y serología identifica nuevos antígenos potenciales.

Conviene clarificar el término antígeno, que técnicamente significa «generador de anticuerpos», aunque en la práctica designa cualquier molécula capaz de inducir respuesta inmunitaria. Si esta respuesta es activadora, hablamos de «inmunógeno»; si produce alergia, «alérgeno»; si genera tolerancia, «tolerógeno».

Preparación del brazo para la inyección de la vacuna contra la fiebre tifoidea. Ciudad de Guatemala, 1918 [Colección fotográfica de la Cruz Roja Americana/Library of Congress].

Un concepto avanzado interesante son las vacunas antiidiotípicas. Para comprenderlo, podemos utilizar la analogía de una mano y un guante: si el patógeno es la mano, el anticuerpo es el guante. La parte del guante que interacciona específicamente con la mano nanoscópica se denomina «idiotipo». Si posteriormente producimos anticuerpos contra ese guante, obtendríamos algo estructuralmente similar a una mano, un «antiidiotipo». Mediante este principio, podríamos teóricamente desarrollar anticuerpos contra un patógeno sin utilizar componentes del microorganismo original.

Todas estas vacunas presentan fortalezas y debilidades específicas. Su implementación constituye una evaluación beneficio-riesgo que requiere confianza en el sistema sanitario. No resulta razonable rechazar medicamentos que salvan millones de vidas porque, tras su comercialización, se documenten efectos adversos excepcionales.

Cualquier medicamento se ensaya clínicamente en cohortes de voluntarios que raramente superan algunas decenas de miles. Posteriormente, cuando los vacunados se cuentan por miles de millones, inevitablemente aparecen efectos no detectados en los ensayos reglados. Corresponde a las agencias reguladoras determinar si la incidencia de efectos adversos justifica la retirada del producto considerando sus beneficios potenciales.

Durante la pandemia de COVID-19, un argumento frecuentemente utilizado contra las nuevas vacunas fue la rapidez sin precedentes de su desarrollo. Esta preocupación legítima merece consideración. El proceso habitual para desarrollar y comercializar vacunas requiere normalmente décadas: la vacuna contra poliomielitis necesitó más de 20 años (desde los años 30 a los 50 del siglo pasado), nueve años la del sarampión, 22 años la de rotavirus, 15 la del papiloma humano, mientras que las del VIH y malaria continúan en desarrollo tras 40 y 30 años respectivamente.

¿Qué factores permitieron el desarrollo acelerado frente al SARS-COV-2?

1 Cientos de proyectos iniciados simultáneamente, con inversiones sin precedentes de empresas y gobiernos, asumiendo riesgos financieros extraordinarios.

2. Fusión de fases clínicas, solapando estudios de fases I, II y III, con el riesgo de que problemas en fases iniciales invalidaran avances posteriores.

3. Evaluación continua del proceso, minimizando burocracia innecesaria, analizando resultados inmediatamente.

4. Mantenimiento estricto de todos los mecanismos de seguridad, con transparencia sobre interrupciones de ensayos ante cualquier incidente.

5. Reclutamiento de cohortes de voluntarios sin precedentes, con hasta 50 000 participantes en un solo ensayo.

6. La tecnología de ARN mensajero no fue improvisada; llevaba más de dos décadas en desarrollo por investigadores como Katalin Karikó (1955) y Drew Weissman (1959), posteriormente reconocidos con el Premio Nobel.

Las vacunas ideales deben estimular tanto la respuesta humoral (producción de anticuerpos) como la respuesta celular (linfocitos T). Durante la pandemia, frecuentemente se cuestionaba la eficacia de ciertas vacunas porque los niveles de anticuerpos disminuían después de algunos meses, sin considerar adecuadamente la memoria inmunológica o la respuesta celular.

Un elegante experimento con el virus de la coriomeningitis linfocítica (LCMV) en ratones demostró la necesidad de ambas respuestas para combatir eficazmente infecciones virales. Inicialmente se observó que tras la infección aumentaban los linfocitos T y el virus se volvía casi indetectable, apareciendo posteriormente los anticuerpos. Para investigar esta dinámica, se desarrollaron ratones transgénicos incapaces de producir anticuerpos: igual que en el modelo normal, tras la infección aumentaban los linfocitos T y el virus prácticamente desaparecía, pero posteriormente reaparecía, habiendo desarrollado resistencia a estos linfocitos.

En el experimento complementario, utilizando ratones transgénicos sin capacidad para producir células T, el virus tardaba

más en disminuir pero finalmente lo hacía al aumentar los anticuerpos. Sin embargo, posteriormente reaparecía, habiendo
desarrollado resistencia a los anticuerpos. La conclusión fundamental: resulta necesaria la combinación de ambas respuestas,
humoral y celular, para combatir eficazmente las infecciones
virales.

TERAPIAS GÉNICAS CON BASE VIRAL

INTRODUCCIÓN: DE LA FICCIÓN
A LA REALIDAD MÉDICA

La película *El chico de la burbuja de plástico* (1976), protagonizada por John Travolta, está basada en las vidas de Ted David DeVita (1962-1980) y David Phillip Vetter (1971-1984), dos jóvenes que carecían de un sistema inmunitario eficiente y estaban obligados a vivir en entornos completamente asépticos.

Las patologías que padecían estos jóvenes se conocen actualmente. Ted sufría una Anemia Aplásica Severa, una enfermedad rara que impide la producción de células sanguíneas y plaquetas. David nació con Inmunodeficiencia Combinada Grave (IDCG), una enfermedad hereditaria que compromete gravemente el sistema inmunitario, exponiendo al paciente a cualquier agente patógeno.

Existen varios subtipos de IDCG: la IDCG-X, ligada al cromosoma X, que afecta principalmente a varones mientras las mujeres pueden ser portadoras asintomáticas (debido al cromosoma X adicional), y la IDCG-ADA, asociada al déficit de la enzima Adenosina Desaminasa. Esta enzima está implicada en la síntesis de ADN nuevo y en la activación de linfocitos, células fundamentales de la respuesta inmune adaptativa. Su mutación compromete severamente las defensas contra patógenos —incluso aquellos generalmente inofensivos para individuos sanos— y dificulta el control de la transformación celular maligna.

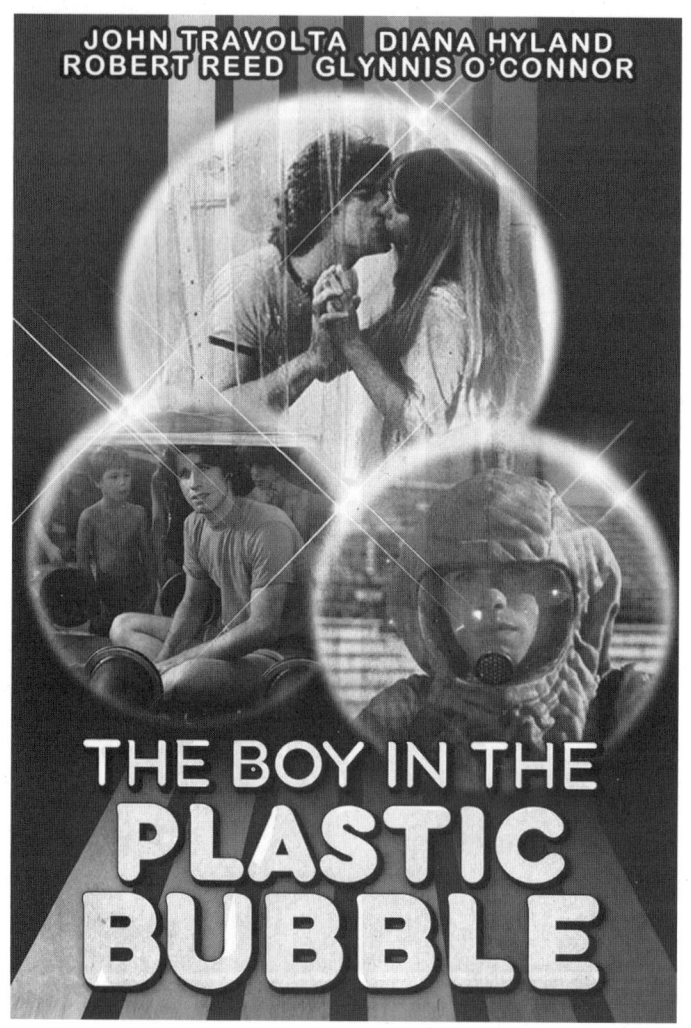

Póster publicitario de la película de Randal Kleiser, *The boy in the plastic bubble* [American Broadcasting Company].

Los síntomas suelen manifestarse tempranamente, antes de los seis meses, incluyendo infecciones pulmonares, erupciones cutáneas, diarreas y complicaciones progresivamente graves. El abordaje ideal es preventivo, mediante diagnóstico precoz, posiblemente a través de cribado neonatal, puesto que la intervención temprana aumenta significativamente las probabilidades de éxito.

Tradicionalmente, una de las opciones terapéuticas más comunes ha sido el trasplante de progenitores hematopoyéticos (también denominados trasplantes de células madre). Sin embargo, centrándonos en las terapias génicas, existen alternativas innovadoras como la terapia de sustitución enzimática con PEG-ADA (Adenosina Desaminasa modificada con polietilenglicol).

Este tratamiento, que consiste en administrar semanalmente mediante inyección intramuscular la enzima modificada, restablece parcialmente la función deficiente en el paciente, creando un entorno metabólico adecuado para recuperar la función inmunitaria y prevenir infecciones oportunistas. Aunque no excesivamente costoso y generalmente bien tolerado, representa una solución temporal para pacientes sin donante histocompatible de médula ósea, ya que sus efectos disminuyen progresivamente.

La terapia génica consiste en corregir o reemplazar un gen defectuoso con su versión funcional. Esta aproximación terapéutica ha permanecido más tiempo en fase experimental que en aplicación clínica, con resultados iniciales modestos y ocasionalmente complicaciones graves, incluyendo desarrollo de cáncer.

Los métodos para insertar material genético en células son diversos, destacando el uso de vectores virales de familias como *Retroviridae* (especialmente Lentivirus, relacionados con VIH), *Herpesviridae* o *Adenoviridae*. Estos virus modificados genéticamente transportan en su genoma el fragmento de ADN que codifica la función deficiente en el paciente. Algunos pueden integrarse en el ADN celular —con ventajas e inconvenientes potenciales según su localización de inserción—, mientras otros permanecen extracromosómicos, con efectos generalmente transitorios.

Para contextualizar la evolución del tratamiento de IDCG-ADA mediante terapia génica, un estudio publicado en 2021 en *The New England Journal of Medicine* describió una innovadora aproximación en aproximadamente cincuenta niños. Los investigadores, trabajando entre California y Londres, utilizaron células de los propios pacientes para restaurar la función enzimática deficiente.

Específicamente, obtuvieron células hematopoyéticas pluripotentes de los niños y las modificaron genéticamente *ex vivo* (fuera del organismo) mediante vectores lentivirales portadores del gen ADA funcional. Posteriormente, estas células fueron expandidas y reintroducidas en los pacientes, constituyendo lo que se denomina «Terapia Génica Autóloga». El vector lentiviral empleado fue diseñado específicamente para transportar el gen sin capacidad infecciosa, evitando además su integración en localizaciones potencialmente problemáticas del genoma celular. Según los autores, dos años después del tratamiento, los pacientes sobrevivían sin efectos adversos significativos, recuperando en diversos grados la funcionalidad del sistema inmunitario.

El tratamiento de IDCG mediante terapia génica representa el primer ensayo relativamente exitoso en este campo. Aproximadamente dos décadas antes (finales de los 90), pacientes pediátricos con otro tipo de inmunodeficiencia combinada recibieron células de médula ósea autólogas modificadas genéticamente. Tras una mejoría inicial, varios desarrollaron leucemia aguda debido a la activación de oncogenes, causada por la integración aleatoria de los genes terapéuticos —problema que las modificaciones introducidas en los vectores lentivirales de 2021 intentaban prevenir—.

Este ensayo pionero, a pesar de sus complicaciones, marcó el verdadero inicio de las actuales terapias génicas, aunque comenzó con resultados adversos: en 1999, Jesse Gelsinger (1981-1999) se convirtió en la primera persona fallecida durante un ensayo clínico de terapia génica. Padecía déficit de Ornitina Transcarbamilasa (OT), enfermedad ligada al cromosoma X que impide el metabolismo normal de amonio a urea. Aunque potencialmente mortal, su caso era controlable con cuidados específicos y dieta adecuada. Durante un ensayo con vectores adenovirales portadores del gen

OT correcto, Jesse falleció cuatro días después de iniciar el tratamiento por fallo multiorgánico. Investigaciones posteriores revelaron múltiples irregularidades, generando desconfianza internacional hacia la terapia génica durante años.

La terapia génica intenta normalizar molecularmente un genoma alterado, modificando el comportamiento celular —y consecuentemente tisular y orgánico— mediante la inserción exógena de ADN correspondiente a una copia funcional del gen defectuoso, restableciendo transitoria o permanentemente la función celular comprometida.

Este abordaje terapéutico pretende tratar enfermedades con componente genético mediante diversos métodos de inserción de material genético, destacando los vectores virales. Su implementación presenta numerosos desafíos como la biodisponibilidad, el acceso al tejido afectado o las características específicas de cada patología. No resulta equivalente corregir alteraciones monogénicas que trastornos hereditarios poligénicos.

La oncología constituye el campo donde la terapia génica ha experimentado mayor desarrollo. La transformación maligna celular requiere múltiples alteraciones: desregulación de la división celular —frecuentemente mediada por oncogenes que promueven proliferación descontrolada— y simultáneamente inactivación de mecanismos de supervisión molecular. Existen proteínas reguladoras que monitorizan el ciclo celular, y cuando detectan anomalías, inducen apoptosis (muerte celular programada). Entre estos «guardianes moleculares» destaca p53, proteína extensamente estudiada.

Los virus oncogénicos generalmente actúan mediante dos mecanismos complementarios: aceleran la división celular mientras inhiben o degradan proteínas supresoras tumorales como p53 o Retinoblastoma (Rb). Ejemplos característicos incluyen poliomavirus (como SV40) o virus del papiloma humano (HPV), este último con aproximadamente 15 genotipos clasificados como alto riesgo: 16, 18, 31, 33, 35, 39, 45, 51, 52, 56, 58, 59, 68, 73 y 82. Las vacunas actuales están dirigidas contra varios de estos tipos, destacando que los genotipos 16 y 18 representan aproximadamente el 70 % de casos de cáncer cervical.

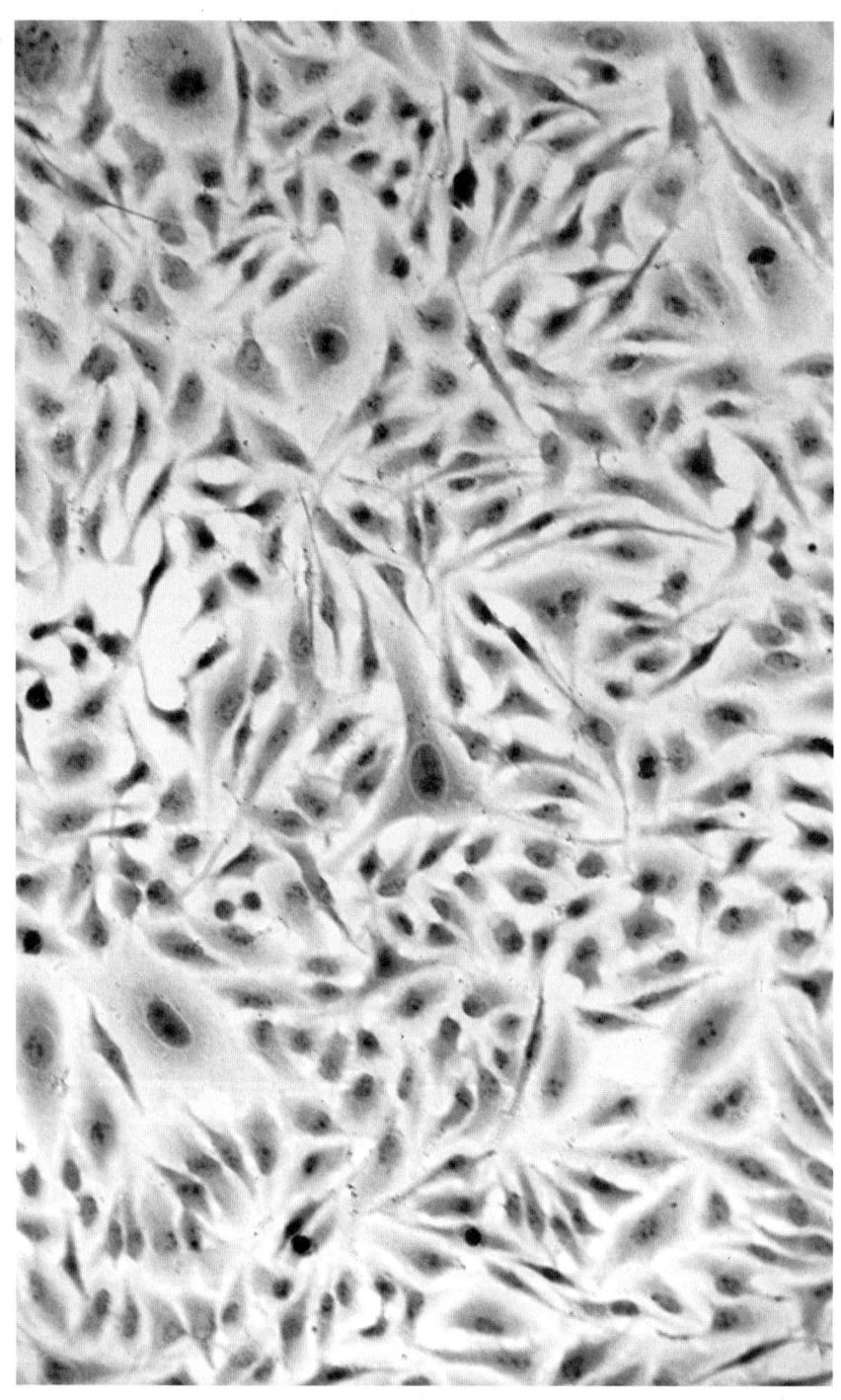

Células HeLa teñidas con azul de coomassie bajo el microscopio [Paves/Shutterstock].

En este contexto, cabe mencionar la historia de Henrietta Lacks (1920-1951), mujer afroamericana fallecida a los 31 años por carcinoma cervical causado por HPV18. Sus células cancerosas fueron cultivadas *in vitro*, estableciendo la línea celular inmortal HeLa, ampliamente utilizada en investigación biomédica. Estas células han contribuido a numerosos avances científicos, incluyendo vacunas contra poliomielitis y papiloma humano, tratamientos contra VIH, investigación oncológica y estudios sobre COVID-19. En 2021, la OMS reconoció póstumamente su contribución a la ciencia médica mundial, aunque su familia ha vivido modestamente mientras sus células generaban importantes beneficios económicos y científicos.

China aprobó una terapia génica basada en adenovirus que transfiere una versión funcional del gen supresor tumoral p53. Desde la década de 1990 se han realizado aproximadamente 500 ensayos clínicos globalmente, principalmente en oncología, aunque complicaciones graves —incluyendo fallecimientos— han ralentizado su implementación sistemática.

No todas las enfermedades están causadas por alteraciones en un único gen, aunque existen iniciativas para abordar mediante terapia génica tanto patologías monogénicas —corrigiendo genes defectuosos que impiden la síntesis proteica, como en hemofilia, o generan proteínas anómalas, como en trastornos de alfa-1 antitripsina— como condiciones multigénicas. Entre estas últimas destacan la reestenosis intra-stent, aterosclerosis, ciertos tipos de diabetes o diversas neoplasias.

En 2017, Estados Unidos aprobó una terapia génica para leucemia linfoblástica mediante tecnología CAR-T (*Chimeric Antigen Receptor T-cells*), que modifica *ex vivo* linfocitos T del paciente para reconocer específicamente células tumorales. También se están desarrollando abordajes para infecciones virales como VIH o virus hepatotrópicos (HBV y HCV), que pueden desencadenar cirrosis y hepatocarcinoma en infecciones crónicas. Estas aproximaciones buscan incrementar la producción de citoquinas inmunomoduladoras (diversas interleucinas) o moléculas antivirales como Interferón alfa.

La terapia génica no se limita exclusivamente a introducir genes funcionales para complementar deficiencias. En ocasiones, el objetivo es impedir la expresión de genes alterados, utilizando inhibidores específicos como ARN interferente o ribozimas (ARN con propiedades enzimáticas).

Los vectores virales ofrecen ventajas significativas para transportar material genético terapéutico. Estos «virus taxistas» se modifican para eliminar su patogenicidad mientras mantienen su capacidad para acceder eficientemente a células diana.

Aunque hemos mencionado los herpesvirus, actualmente la mayoría de tratamientos de terapia génica emplean retrovirus y adenovirus. Los lentivirus (subfamilia de retrovirus relacionada con VIH) modificados permiten introducir genes correctores sin causar enfermedad y, mediante adaptaciones específicas, sin integrar su ADN en el genoma celular, evitando mutaciones indeseadas.

Sin embargo, en determinadas circunstancias resulta necesario integrar la secuencia correctora en el núcleo celular para obtener efectos duraderos transmisibles a células descendientes. En estos casos, los retrovirus constituyen vectores preferentes, aunque debe controlarse cuidadosamente su sitio de inserción para evitar efectos adversos. Los adenovirus, por el contrario, no se integran en el ADN celular, pueden infectar numerosos tipos celulares y presentan mayor seguridad que los retrovirus, aunque generalmente producen efectos más limitados temporalmente.

Además de utilizar virus como vehículos para introducir genes terapéuticos, en oncología pueden emplearse virus oncolíticos, diseñados para reconocer y destruir específicamente células tumorales. Naturalmente existen virus con tropismo por células en división rápida, como los de la familia *Parvoviridae*. Estos virus, a diferencia de algunos papilomavirus, requieren células en mitosis para replicarse pero no pueden inducir esta fase, lo que los convierte en potenciales agentes oncolíticos.

Las terapias actuales modifican estos virus para que repliquen selectivamente en presencia de proteínas específicas, como alfa-fetoproteínas, expresadas durante el desarrollo fetal, posteriormente silenciadas y reactivadas durante transformación maligna, permitiendo dirigir la acción viral específicamente contra células tumorales.

Un ejemplo reciente del progreso en este campo es el primer tratamiento con terapia génica para sordera congénita realizado en España. Una niña llamada Abril, que nació sin audición debido a una mutación genética que impedía la transmisión del sonido al cerebro, recibió terapia génica DB-OTO en la Clínica Universitaria de Navarra.

El tratamiento consistió en utilizar un adenovirus recombinante portador del gen OTOF funcional, que codifica la proteína otoferlina. Esta proteína, presente en el cerebro y en células del oído interno (cóclea), desempeña un papel crucial en la transmisión neuronal de señales acústicas. El vector viral, diseñado para no causar patología, permite expresar otoferlina en células ciliadas, potencialmente restaurando la capacidad auditiva.

Aunque Abril ha sido la primera paciente española tratada, procedimientos similares se están realizando en China, Reino Unido y Estados Unidos. Los resultados completos no están disponibles en el momento de redactar este texto, pero según investigadores, basándose en experiencias previas en China, la recuperación auditiva podría iniciarse hasta seis meses después del tratamiento. Esta intervención representa una esperanza para aproximadamente cinco de cada 100 000 recién nacidos que, sin tratamiento adecuado, afrontarían una vida sin sonido.

REPOSICIONAMIENTO FARMACOLÓGICO: ANTIVIRALES CONTRA TUMORES CEREBRALES

El 22 de junio de 2024 se publicó una noticia relevante en el ámbito de la investigación biomédica: «Prueban por primera vez medicamentos contra el VIH para tratar tumores cerebrales». No estamos ante una terapia génica ni vacunal, sino frente al uso innovador de medicamentos ya comercializados —en este caso antivirales— como posible abordaje para otras patologías. Este enfoque constituye un ejemplo de reposicionamiento farmacológico: la utilización de un compuesto para indicaciones diferentes a las originalmente previstas.

Se han desarrollado diversos ensayos para evaluar si los antirretrovirales ritonavir y lopinavir —que ya fueron previamente reposicionados como tratamientos contra virus distintos a los retrovirus, incluyendo el SARS-COV-2— podrían resultar eficaces o complementar terapias existentes en pacientes con Neurofibromatosis tipo 2 (NF2), un trastorno genético hereditario infrecuente del sistema nervioso caracterizado por la formación de tumores en nervios cerebrales y espinales, generalmente benignos, aunque ocasionalmente pueden malignizarse.

El uso de lopinavir y ritonavir en el tratamiento de COVID-19 ha mostrado resultados moderados dentro del conjunto de inhibidores de proteasa y replicasa —enzimas críticas en el ciclo viral—. Específicamente, estos dos fármacos pertenecen a la categoría de inhibidores de proteasa. Cuando se administran conjuntamente, ritonavir incrementa la biodisponibilidad de lopinavir, potenciando su eficacia terapéutica.

Entre las formaciones tumorales asociadas a la neurofibromatosis destacan el schwannoma (originado en células de Schwann del sistema nervioso periférico), el ependimoma (derivado de células que tapizan los conductos de circulación del líquido cefalorraquídeo) y el meningioma (tumor localizado en las meninges, membranas protectoras de cerebro y médula espinal).

Los ensayos clínicos para evaluar la combinación ritonavir-lopinavir en estas manifestaciones tumorales se están realizando en el Centro de Excelencia en Investigación de Tumores Cerebrales de la Universidad de Plymouth (Reino Unido). Estudios preliminares han demostrado que ambos medicamentos reducen significativamente el crecimiento tumoral. La fase clínica actual podría extenderse varios años, con pacientes voluntarios sometidos a tratamiento durante un mes.

Según los investigadores responsables del estudio, «este podría representar el primer paso hacia un tratamiento sistémico de tumores relacionados con NF2, tanto para pacientes con predisposición hereditaria que han desarrollado múltiples tumores, como para aquellos con mutación única en NF2 que han manifestado un tumor consecuentemente».

Una ventaja sustancial del reposicionamiento de fármacos como ritonavir y lopinavir radica en su perfil de seguridad ya establecido en personas sanas y pacientes tratados por VIH —y posteriormente COVID—, lo que facilita una transición más rápida desde la investigación básica a la aplicación clínica.

HACIA UN ANTIVIRAL DE AMPLIO ESPECTRO

Una prometedora investigación publicada en 2016 abordó un enfoque innovador contra múltiples virus patogénicos, incluyendo VIH, VHC, virus del dengue y virus del Nilo Occidental. Este estudio representa un avance potencial hacia el desarrollo de un antiviral de amplio espectro, capaz de combatir simultáneamente diversos agentes virales.

Investigadores del Instituto de Investigación del SIDA IrsiCaixa y de la Universitat Pompeu Fabra de Barcelona participaron en este trabajo, donde se diseñó una molécula que demostró efectividad contra el virus de la inmunodeficiencia humana, hepatitis C, dengue y virus del Nilo Occidental. Según informó el departamento de comunicación de IrsiCaixa, el compuesto fue específicamente desarrollado para inhibir una proteína celular denominada DDX3, implicada en la traducción (síntesis proteica) celular y aparentemente esencial para la replicación de virus pertenecientes a diferentes familias, aunque su inhibición parece ser bien tolerada por las células.

Este enfoque estratégico —dirigirse a proteínas celulares comunes a diferentes infecciones virales en lugar de moléculas virales específicas— podría resultar más efectivo, siempre que no se comprometan funciones celulares vitales. Las proteínas celulares presentan mayor estabilidad y menor variabilidad que las virales, caracterizadas por su elevada tasa mutacional.

Los resultados *in vitro*, en cultivos celulares, resultaron particularmente prometedores. Si se consiguieran consolidar fármacos basados en antivirales con dianas celulares en lugar de virales, estaríamos ante un potencial cambio de paradigma terapéutico. Naturalmente, el proceso de comercialización de estos productos «panvirales» —eficaces simultáneamente contra diferentes especies virales— requiere superar numerosos controles de seguridad y eficacia, incluso considerando la agilización de trámites experimentada durante la reciente pandemia.

El trabajo fue publicado en la prestigiosa revista *PNAS* (*Proceedings of the National Academy of Sciences*). Prospectivamente, esta aproximación podría evolucionar hacia el desarrollo de combinaciones antivirales que integren moléculas dirigidas contra proteínas virales específicas junto con otras orientadas hacia procesos celulares no esenciales para la viabilidad celular pero críticos para el ciclo viral. Esta estrategia permitiría abordar dos objetivos simultáneamente: tratar personas coinfectadas con varios virus y combatir la aparición de resistencias virales a fármacos.

Aunque no existe certeza sobre si este inhibidor específico de DDX3 llegará a formulaciones farmacéuticas definitivas, el enfoque conceptual resulta innovador y prometedor. Si este candidato concreto no alcanza aplicación clínica, la aproximación metodológica probablemente conducirá a desarrollos exitosos en el futuro.

Este breve repaso ilustra las diversas opciones biotecnológicas, experimentales y sanitarias que demuestran el potencial de los virus como herramientas excepcionales para nuestra evolución social, científica y médica. De hecho, nuestra existencia y evolución biológica están intrínsecamente vinculadas a estos agentes microscópicos.

SOY MAMÍFERO PLACENTARIO... ¿Y TÚ?

FUNDAMENTOS GENÉTICOS DE NUESTRA CONDICIÓN DE MAMÍFEROS PLACENTARIOS

No conocemos otra especie de seres conscientes de su propia existencia como la nuestra. Nuestra especie es única: capaz de lo más grandioso en ámbitos sociales, culturales o intelectuales, pero también de lo más deplorable. Mientras se escriben estas líneas, miles de personas inocentes perecen en diversas zonas de nuestro planeta, algunas de estas acciones incluso con la aprobación de grandes potencias y en nombre de supuestos derechos o deidades. Términos como «inhumano» o «deshumanizado» pueblan los medios de comunicación y las conversaciones cotidianas: sociedad deshumanizada, guerra inhumana —cuando en realidad, y por desgracia, pocas actividades son tan humanas como la guerra—, persona inhumana... Pero, ¿qué significa ser inhumano? ¿Cuándo consideramos que algo ha perdido su condición humana?

Desde la perspectiva microbiológica, y más específicamente virológica, intentaré aportar algunas consideraciones biológicas sobre lo que significa ser *Homo sapiens sapiens*. A principios del presente milenio, como culminación de más de 50 años de investigación —desde el histórico momento en que Crick anunció «hemos descubierto el secreto de la vida»— y gracias al desarrollo de técnicas cada vez más potentes de secuenciación genética, se dio a conocer nuestro código de vida: la secuencia de nuestro genoma. Más de 3000 millones de elementos básicos, de nucleó-

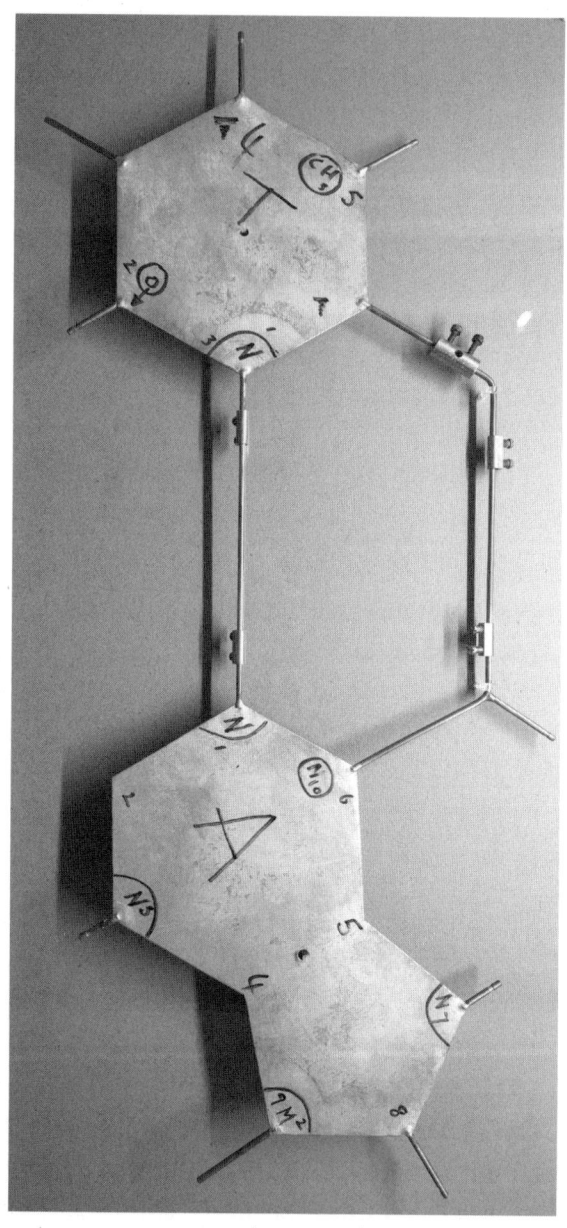

Plantilla de aluminio de dos de las cuatro bases nitrogenadas del modelo original de ADN construido por Francis Crick y James Watson en 1953. Estas bases (adenina, timina, guanina y citosina) forman pares complementarios en la doble hélice, codificando la información genética. El descubrimiento —inspirado en los patrones de difracción de rayos X de Rosalind Franklin— reveló cómo el ADN se replica y hereda [Alice-photo/Shutterstock].

tidos (A,T,C,G), dispuestos ordenadamente a través de 23 parejas de cromosomas, revelaron muchos de nuestros secretos y, de algún modo, situaron a nuestra especie en su contexto evolutivo.

El Proyecto Genoma Humano representó un objetivo científico extraordinario. A algunos investigadores les motivaba la pasión por el conocimiento, mientras que a otros les impulsaba el potencial comercial o incluso la posibilidad de patentar genes —como en el caso del consorcio privado de John Craig Venter (1946), fundador de Celera Genomics, quien con potentes secuenciadores desarrolló su propio Proyecto Genoma en 1999—. Un consorcio internacional público bajo la coordinación de Francis S. Collins (1950) cartografió nuestra herencia molecular, publicando el primer borrador en 2003. Sin embargo, conocer las letras de nuestro código genético no implica comprender completamente el libro. Seguimos desconociendo numerosas funciones de nuestro ADN. El proyecto requirió más de 3000 millones de dólares y 15 años, y en realidad continúa: hace aproximadamente un año (2023) se publicó la secuencia completa del cromosoma Y. Al margen de la competencia entre los consorcios público y privado, la tecnología computacional y los grandes secuenciadores experimentaron un avance sin precedentes.

Inicialmente, el número estimado de genes humanos fue decreciendo desde más de 100 000 hasta aproximadamente 20 000. También se descubrió un elevado número de secuencias aparentemente carentes de función codificante, denominadas ADN basura. Pronto se comprendería la precipitación de este juicio. Se identificaron otras peculiaridades en nuestros 3000 millones de nucleótidos, como la presencia de ADN de nuestros parientes neandertales y un porcentaje significativo —entre el 8 % y 10 % de nuestro genoma— de fragmentos de ADN de origen viral, específicamente de retrovirus, ahora denominados endorretrovirus por su integración en nuestro núcleo celular.

Respecto al denominado ADN basura, la ausencia de codificación proteica no implica inutilidad. Si bien es cierto que contamos con fragmentos de genes, pseudogenes o vestigios de antiguas infecciones virales cuya función desconocemos, a mediados de los años 90 comenzaron a desarrollarse proyectos que revelaron la importancia de muchas de estas secuencias no codificantes (conocidas como *Junk DNA* en la literatura científica internacional). Este material constituye aproximadamente el 90 % de nuestro genoma, lo que significa que solo un 10-15 % de nuestros 3000 millones de nucleótidos producen proteínas, enzimas o funciones metabólicas directamente mensurables.

Algunos biólogos moleculares sugieren que muchas de estas secuencias funcionan como «amortiguador» frente a mutaciones, evitando que estas afecten a genes esenciales. Este tema sigue generando intensos debates científicos. También se especula que ciertos vestigios retrovirales aparentemente no funcionales podrían, mediante mutaciones durante la división celular, reactivarse y generar problemas. No obstante, estudios funcionales recientes indican que hasta un 80 % de nuestro ADN podría ser imprescindible y no toleraría modificaciones significativas. Aunque no codifiquen proteínas, numerosas secuencias genéticas cumplen funciones esenciales en la regulación de la expresión génica.

Estos estudios se iniciaron en 2003, coincidiendo con la presentación de los resultados del Proyecto Genoma Humano, bajo el nombre de ENCODE (acrónimo de *ENCyclopedia Of DNA Elements*). Su objetivo consistía en identificar el valor real de todos los componentes de nuestro genoma. Elementos como introns, transposones, ARN no codificante, splicing alternativo o secuencias reguladoras —procesos que determinan qué genes se expresan y cuáles no en cada momento de nuestra vida y en cada célula, tejido u órgano— adquirieron relevancia. El propósito final, en el que aún trabajamos, es cartografiar los elementos funcionales de nuestro genoma para comprender el funcionamiento específico de cada tipo celular —se han estudiado más de 140 tipos distintos—.

Algunas conclusiones de este proyecto señalan que el total de genes codificantes de proteínas abarca apenas el 2,94 % del genoma; también poseemos diversas secuencias de ARN no codificantes —transcritos a partir del ADN—, entre los que se encuentran ARN transferentes y microARN (miRNA), capaces de reconocer secuencias en los ARN mensajeros y regular o inhibir su expresión.

Como orientación ante esta complejidad, consideremos lo siguiente: todas las células de nuestro organismo contienen idéntica información genética. Sin embargo, unas formarán parte del ojo y otras del dedo del pie. Cada célula debe expresar un programa específico de genes en un espacio y tiempo precisos. El control de la expresión génica resulta, por tanto, tan importante o más que la mera secuencia de nuestro ADN.

Además, en nuestro ADN y en las proteínas —histonas— que lo protegen en el núcleo celular existen sitios de modificación específica —mediante procesos conocidos como metilación y acetilación— necesarios para silenciar unos genes y activar otros. Esta genética que trasciende la mera secuencia del ADN se denomina epigenética —y al genoma ampliado, epigenoma—. Constituye, en cierto modo, un cronómetro biológico.

Un aspecto sorprendente para nuestra especie egocéntrica es que solo nos diferenciamos de los chimpancés en aproximadamente un 1 % de nuestra secuencia genética. Sin embargo, son estos elementos reguladores y señales epigenéticas los que determinarían la divergencia entre una especie intelectualmente desarrollada y otra con capacidades cognitivas diferentes.

Una vez clarificado el concepto de ADN «basura» y expuestas algunas posibilidades sobre el origen y funciones de nuestro genoma no codificante, centrémonos en los fragmentos de ADN heredados de infecciones virales de hace millones de años, no sin antes destacar esos cruces entre nuestra especie y *Homo neanderthalensis* que nos han proporcionado hasta un 2 % de herencia genética media en nuestros cromosomas, porcentaje que podría alcanzar hasta un 20 % en algunas poblaciones actuales del este asiático. Aunque estos parientes cercanos se extinguieron hace aproximadamente 40 000 años, dejaron su huella en nuestro ADN, lo que indica que ambas especies pudieron hibridarse de forma viable.

Investigaciones recientes coordinadas desde la Universidad de Ginebra demostraron que nuestra carga de ADN neandertal no se distribuye homogéneamente en la población mundial, sino que es considerablemente más abundante en poblaciones del este asiático, un hecho peculiar considerando que, según los

Homo neanderthalensis, Dusseldorf, Alemania, Museo
Neanderthal [Esin Deniz/Shutterstock].

registros arqueológicos, los neandertales habitaron principalmente Europa y Oriente Próximo. Las explicaciones propuestas incluyen: una mayor tasa reproductiva efectiva en Europa que «diluyó» ese ADN neandertal, un aporte en Europa de ADN procedente de otros *Homo sapiens* sin contribución neandertal, o diversos eventos de introgresión neandertal en Eurasia posteriores a la divergencia inicial entre poblaciones europeas y asiáticas.

Otros estudios liderados por el nobel sueco especialista en neandertales, Svante Pääbo (1955), hijo a su vez de otro premio nobel, Sune Karl Bergström (1916-2004), revelaron que muy probablemente el hecho de que los neandertales tuvieran un sistema de grupos sanguíneos tan diversificado como el nuestro, incluyendo el factor Rh, a diferencia de los grandes simios actuales, podría deberse a cruces interespecíficos. Pääbo publicó en 2010 el genoma completo de los neandertales. Estos estudios llevaron a los antropólogos evolutivos a proponer diversas hipótesis sobre la extinción de *Homo neanderthalensis*, sin que ninguna sea concluyente: posibles infecciones virales, reducción demográfica debido a eritroblastosis fetal (una anemia hemolítica del feto provocada por anticuerpos maternos trasplacentarios dirigidos contra el antígeno Rh), o la mayor diversidad genética y adaptabilidad de nuestra especie. Ahora, analicemos el papel de los endorretrovirus.

Svante Pääbo [The Royal Society].

RETROVIRUS ENDÓGENOS: DE PATÓGENOS A COMPONENTES ESENCIALES DEL GENOMA

Los retrovirus endógenos humanos (HERV) constituyen entre el 8 % y el 10 % de nuestro genoma. Esta interacción con virus que infectaron a nuestros antepasados se produjo mucho antes incluso de la aparición de los mamíferos. No obstante, las primeras evidencias documentadas de diferentes especies de HERV insertadas en el linaje de los primates datan de hace aproximadamente 45 millones de años, abarcando desde los platirrinos (monos del Nuevo Mundo) hasta los *Homo*, pasando por el resto de catarrinos (monos del Viejo Mundo), caracterizados por tener los orificios nasales abiertos hacia abajo y separados por el tabique nasal.

Entre los diversos HERV que han aparecido a lo largo de la evolución de los primates, desde nuestros antepasados más alejados hasta los grandes simios, se encuentran: HERV-I, ERV-9, ERV-FRD, HERV-Z, HERV-L, HERV-S, HERV-T, HERV-IP, HERV-W, HERV-P, HERV-H y HERV-K, habiendo llegado al menos estos tres últimos hasta nuestra especie.

¿Qué son exactamente los HERV? En su forma original como viriones libres, eran miembros de la familia *Retroviridae*, virus con ARN como material genético que, gracias a la enzima retrotranscriptasa, pueden convertirlo en ADN e integrarlo en el genoma de la célula hospedadora. Desde esta posición, prosiguen su ciclo viral transcribiendo sus genes desde el ADN integrado al ARNm, y de este a las proteínas, tanto estructurales como no estructurales. Los retrovirus comprenden múltiples géneros capaces de provocar desde cáncer hasta inmunodeficiencia grave.

Normalmente, cuando el animal infectado muere, también desaparecen las secuencias virales que lo infectaban, a menos que el virus haya infectado la línea germinal del hospedador, es decir, las células precursoras de los gametos. En tal caso, esa secuencia vírica puede transmitirse a la descendencia, acabando eventualmente por formar parte del acervo genético de la especie. Con el transcurso de miles y millones de años, lo habitual es que solo sobrevivan fragmentos del virus original, raramente genomas virales completos.

Aunque se han enumerado algunos HERV que han evolucionado paralelamente a los primates, nuestro genoma puede contener vestigios de miles de estos antiguos agentes infecciosos, constituyendo incluso una herencia parcialmente diferencial entre distintos grupos étnicos. Se han identificado, por ejemplo, secuencias de HERV en poblaciones australianas ausentes en Europa. Asimismo, existen secuencias de retrovirus endógenos que compartimos con algunas especies de simios pero no con otras. Si ampliamos el análisis hasta la clase Mammalia (mamíferos) o más allá, encontramos otros muchos HERV compartidos, muy primitivos. De hecho, como veremos posteriormente, la aparición de los mamíferos placentarios podría deberse a una de estas infecciones por endorretrovirus.

Desde una perspectiva técnica, estas secuencias provirales heredadas verticalmente pertenecerían a una subclase de elementos genéticos conocidos como transposones. Algunos HERV pueden desempeñar funciones significativas en el conjunto de la expresión genética y su regulación.

La mayoría de los ERV no son funcionales, detectándose solo restos genómicos defectuosos de lo que en algún momento constituyó el ciclo de replicación retroviral. Algunos investigadores sugieren que los endorretrovirus evolucionaron a partir de transposones nucleares, elementos genéticos con capacidad de desplazarse con cierta autonomía entre diferentes regiones del genoma celular. Estas secuencias «saltarinas» se conocen como retrotransposones y pueden mutar, llegando potencialmente a volverse patógenas. En cualquier caso, la inmensa mayoría de estos HERV perdieron hace millones de años la capacidad de generar nuevos virus. A lo largo del tiempo, los genomas ERV no solo acumularon mutaciones, sino que pudieron recombinarse con otras secuencias ERV.

¿Qué función pueden desempeñar los HERV en el genoma humano? Los expertos señalan un posible papel activo en la configuración genómica, fenómeno estudiado en numerosas especies de vertebrados, incluida la nuestra. Las secuencias de ADN de los ERV denominadas LTR (*Long Terminal Repeat*, repeticiones terminales largas), esenciales para la replicación de los retrovirus, pueden actuar como promotores, activadores y potenciadores alternativos de la expresión génica, contribuyendo a la transcripción del genoma de forma específica según el tejido, proceso estudiado bajo el término «transcriptoma».

Aunque el sufijo «-oma» puede referirse a tumores (papiloma, sarcoma, linfoma), también designa diversos campos de estudio: además del «genoma» (estudio de los genes), hablamos de «microbioma» (bacterias intestinales), «proteoma» (expresión de proteínas), «transcriptoma» (tránscritos de ARNm), «metaboloma» (metabolismo), entre otras disciplinas emergentes.

Se ha observado que muchas proteínas virales antiguas integradas en el ADN de organismos vivos fueron «reclutadas» para nuevas funciones en el hospedador, particularmente en procesos reproductivos y de desarrollo. Un ejemplo concreto: el gen humano AMY1C, que codifica la enzima amilasa alfa 1C (salival), contiene una secuencia ERV completa en su región promotora, favoreciendo la expresión específica de la amilasa en la saliva, fundamental para la digestión inicial de almidones y glucógeno. Un caso análogo ocurre con una enzima implicada en el metabolismo biliar.

Otro ejemplo interesante lo proporciona el gen CYP19, que codifica la aromatasa P450, enzima crucial para la síntesis de estrógenos, grupo hormonal esencial para el correcto funcionamiento del corazón, huesos y cerebro. La P450 se expresa normalmente en el cerebro y órganos reproductivos de la mayoría de los mamíferos. Sin embargo, en los primates, una variante en la expresión de este gen promovida por una secuencia LTR endorretroviral le confiere la capacidad de expresarse también en la placenta, controlando los niveles de estrógenos durante la gestación.

Más aún, la proteína inhibidora de la apoptosis neuronal (NAIP), ampliamente distribuida en mamíferos, contiene una secuencia LTR de la familia HERV-P que actúa como promotor para activar su expresión en testículos y próstata. Por otra parte, la proteína p53, reguladora clave del ciclo celular que se activa ante daños en el ADN y estrés celular, induciendo eventualmente la muerte por apoptosis, presenta una peculiaridad: estudios recientes utilizando inmunoprecipitación de cromatina y secuenciación revelaron que el 30 % de todos los sitios de unión de p53 se localizan dentro de copias de algunas familias de ERV específicas de primates. Según los autores, esto podría beneficiar a los retrovirus, ya que el mecanismo de acción de p53 facilitaría la liberación del ARN viral de la célula hospedadora.

Por tanto, estos antiguos retrovirus que nos infectaron hace millones de años no solo se integraron en nuestra herencia dejando un mosaico de secuencias virales, mayoritariamente sin función aparente, sino que en algunos casos se incorporaron al complejo proceso de expresión y regulación genética, desempeñando papeles fundamentales en nuestra evolución como especie y en nuestras funciones celulares y metabólicas cotidianas. Todo ello como resultado de nuestra interacción con estos pequeños nanoorganismos hace millones de años.

Resumiendo este complejo tema, además de constatar la importancia de las secuencias de ADN presentes en nuestro genoma derivadas de antiguas infecciones retrovirales, estos ERV, vestigios de infecciones de la línea germinal persistentes en nuestro genoma, están implicados en procesos fisiológicos cruciales como la inmunidad, el desarrollo embrionario y la maduración sexual. Su desregulación puede ocasionar diversas patologías, algunas potencialmente fatales.

Cabe mencionar la posible relación entre los HERV y la esclerosis múltiple (EM). Existen indicios, a veces tenues, basados principalmente en la conexión entre estos endorretrovirus y la potencial activación de herpesvirus humanos (HHV) latentes. Algunos herpesvirus han sido asociados, como factor de riesgo, con esta enfermedad desmielinizante, estableciéndose un posible círculo patológico HERV-HHV-EM. Concretamente, algunos virólogos sugieren que los herpesvirus, en circunstancias específicas, podrían activar los HERV cerebrales, favoreciendo la enfermedad, aunque también podría considerarse el mecanismo inverso.

Hay un proceso fisiológico-evolutivo fundamental mencionado tangencialmente, pero cuya relevancia merece un tratamiento más extenso: la placentación. Todo indica que un HERV determinó nuestra condición de mamíferos placentarios.

Recien llegado y húmedo, este potro se estira y se libera
del tejido placentario [Lucía L./Shutterstock].

RETROVIRUS ENDÓGENOS Y EL
ORIGEN DE LA PLACENTA

Cuando en 2012 leí un artículo titulado «Mammals made by viruses» en una publicación científica internacional, aún no comprendía plenamente la trascendencia de las infecciones por virus ancestrales en la evolución humana, a pesar de que el texto hacía referencia a estudios realizados a principios de siglo. Sin embargo, numerosos indicios sugieren que, sin la intervención viral, ninguno de nosotros habría existido. Esta historia, que resumiré a continuación, ocurrió hace muchos millones de años, afectando a nuestros antepasados más primitivos.

A comienzos del presente siglo, cuando el Proyecto Genoma Humano presentaba ya sus borradores a la comunidad científica y al público, un equipo de investigadores de Boston identificó un gen peculiar en nuestro código genético. Este gen codificaba una proteína expresada exclusivamente en células de la placenta, a la que denominaron «sincitina».

La sincitina-1 es una proteína presente tanto en humanos como en otros primates —con variantes distintas en otros mamíferos— en la superficie de un endorretrovirus, concretamente el ERVW-1. Este gen, que forma parte de un antiguo virus ahora denominado «provirus», participa en la formación del sincitiotrofoblasto y en la fusión de gametos —procesos iniciales del desarrollo embrionario en mamíferos placentarios—. En humanos, las sincitinas facilitan la formación de la membrana placentaria para su adhesión al útero. Además, esta separación de membranas entre madre y feto evita un ataque inmunológico directo hacia los antígenos paternos presentes en el embrión; considerando que la mitad de la herencia genética del feto corresponde a un organismo inmunológicamente ajeno a la madre.

Las células productoras de esta proteína se localizan exclusivamente en la zona de contacto entre placenta y útero. Estas células de la interfaz útero-placenta se fusionan para crear una capa celular única denominada sincitiotrofoblasto —término médico que designa este tejido fino pero crucial en la reproducción humana, esencial para la transferencia de nutrientes y oxígeno de la madre al feto durante la gestación—. Los investigadores demostraron que la formación de este tejido fusionado requiere la presencia de sincitina —el término hace referencia a «sincitio», estructuras formadas por la fusión de dos o más células—.

¿Qué hace tan especial a la sincitina? Algo sorprendente: el gen de esta proteína no es humano, sino que tiene origen viral. Como vimos anteriormente, los virus han interactuado con nuestro genoma durante cientos de millones de años, incorporándose en nuestra línea germinal tras insertar su ADN. Recordemos que hasta 100 000 fragmentos de ADN viral podrían constituir entre un 8 % y 10 % de nuestro genoma. La mayoría de estos fragmentos perdieron su funcionalidad tras sucesivas mutaciones, pero algunos, como hemos observado, continúan produciendo proteínas y aportando funciones importantes a la vida celular. La sincitina podría ser una de las más relevantes en este sentido, fundamental en los orígenes de nuestra biología como mamíferos placentarios. La función original de esta proteína fusogénica era permitir la fusión del virus con la membrana de su célula diana para infectarla y propagarse. Los autores resumen este hallazgo con una frase notable: «Ahora, la sincitina permite que los bebés se fusionen a sus madres».

Para confirmar el papel evolutivo de la sincitina, era necesario identificarla en organismos anteriores de nuestra línea evolutiva, por lo que se investigó su presencia en otros primates. Efectivamente, el mismo gen se encontró en chimpancés, gorilas y otros simios y monos. El gen presentaba una similitud sorprendente entre las especies estudiadas, lo que sugiere que el retrovirus infectó a un ancestro previo a la diversificación del árbol filogenético de los primates, perpetuándose por adquirir una función importante en su nuevo entorno. Posteriormente se descubrió un segundo tipo de sincitina, relacionada pero independiente de la primera, denominándose sincitina-1 y sincitina-2; ambas implicadas en nuestra evolución. En mujeres con preeclampsia, una enfermedad gestacional que puede afectar al 7-10 % de embarazadas y se caracteriza por hipertensión arterial peligrosa, ambas sincitinas disminuyen drásticamente.

La sincitina-2, además, puede modular el sistema inmunitario materno para evitar respuestas de rechazo contra el feto.

Nuestro sistema inmunitario está preparado para combatir cualquier elemento percibido como amenaza o no reconocido como propio. De hecho, existen numerosas patologías causadas no por patógenos externos, sino por desregulación inmunitaria —por exceso, como las alergias; por defecto, como las inmuno- deficiencias; o por reconocimiento erróneo, como las enferme- dades autoinmunes—. Entre las células más activas de la inmu- nidad innata se encuentran las NK (*Natural Killer*), capaces de identificar células infectadas o tumorales y destruirlas mediante proteínas como las perforinas. Los embriones y fetos constituyen parcialmente un «cuerpo extraño» para el sistema inmunitario materno, ya que la mitad de su herencia procede de un individuo inmunológicamente diferente: el padre. Para evitar que las célu- las NK ataquen al feto y proporcionar un entorno relativamente independiente de la circulación sanguínea materna, existen moléculas del Complejo Principal de Histocompatibilidad clase I (MHC-I o HLA-I) que mantienen inhibidas estas células inmunita- rias, protegiendo la nueva vida en gestación.

Recreación de una NK en acción. Entre las células más activas de la inmunidad innata se encuentran las NK (*Natural Killer*), capaces de identificar células infectadas o tumorales y destruirlas mediante proteínas como las perforinas [CI Photos/Shutterstock].

Si la sincitina ha desempeñado un papel importante en la evolución de los mamíferos placentarios, cabe preguntarse qué ocurre con los mamíferos no primates. En 2005, nuevas investigaciones identificaron en ratones dos genes de sincitina, denominados A y B, que se expresan en la misma región placentaria que en primates. Este modelo animal, más manejable en laboratorio, permitió crear ratones sin una de las sincitinas —concretamente la A—. El resultado fue que estos animales no llegaban a término, muriendo a los 11 días de desarrollo embrionario. ¿No resulta sorprendente? Un gen exógeno procedente de una infección retroviral que se convierte en ERV —o HERV en humanos— pasa a ser parte crítica de nuestra evolución y existencia como especie.

Y hay más sorpresas: a pesar de su denominación similar, las sincitinas de primates y ratones no comparten origen. Este fenómeno de simbiosis evolutiva se ha producido repetidamente siguiendo un patrón similar. Las sincitinas 1 y 2 provienen de virus completamente diferentes a los de las sincitinas A y B. En 2009, se descubrió una tercera sincitina distinta en conejos y liebres (sincitina-Ory1). Estos hallazgos desencadenaron una intensa búsqueda de sincitinas virales en otros mamíferos, identificándose la «sincitina de la rama carnívora», denominada sincitina-Car1, presente en perros, gatos, lobos e hienas. Esta proteína muestra extraordinaria similitud en todos estos carnívoros, lo que indica nuevamente un papel fundamental en la selección natural de estas ramas evolutivas hace aproximadamente 100 millones de años.

El panorama actual resulta fascinante. Según los estudios realizados, los virus portadores de sincitinas habrían infectado a los mamíferos, o sus antecesores, al menos en seis ocasiones independientes, integrándose en su genoma y contribuyendo al desarrollo de la placenta. Se continúan investigando más sincitinas en distintos mamíferos placentarios —incluyendo pangolines— para determinar el alcance temporal de este fenómeno. Como sucede frecuentemente en ciencia, existen casos peculiares que mantienen activa la investigación. Por ejemplo, permanece sin clarificar la situación de cerdos o caballos, mamíferos cuya placenta carece de la misma estructura celular descrita anteriormente. Se consideran diversas explicaciones, aunque siguiendo el principio de la «navaja de Ockham» —que propone que, en igualdad de condiciones, la explicación más simple suele ser la más probable—, quizás los antepasados de estos animales simplemente no fueron infectados por el retrovirus adecuado.

A modo de conclusión, una de las proteínas mejor caracterizadas de la placenta proviene de un endorretrovirus que nos infectó hace millones de años. Una de sus proteínas, capaz de fusionar el virus con la célula facilitando su entrada y posterior propagación, acabó incorporándose permanentemente al genoma hospedador, proporcionándole una ventaja evolutiva significativa. En organismos no mamíferos, los genes equivalentes a las sincitinas se denominan «env» por codificar proteínas de la envoltura viral, capa lipídica que se fusiona con la membrana plasmática permitiendo que el virus acceda al citoplasma celular.

Se ha propuesto que las diferencias morfológicas entre placentas de distintas especies podrían resultar, además de diversos ciclos de infecciones retrovirales a lo largo de la evolución, de la cooptación o reclutamiento de potenciadores genéticos (*enhancers*) de genes ERV. Estas mutaciones reguladoras, localizadas en regiones no codificantes que controlan la expresión génica, sustentarían la evolución divergente de la estructura placentaria, potenciando o inhibiendo la expresión génica según la especie.

Veamos ahora otros ejemplos donde los virus han podido desempeñar un papel directo en la evolución.

INFLUENCIA VIRAL EN LA EVOLUCIÓN
DEL CEREBRO DE LOS VERTEBRADOS

Los estudios recientes que abordaremos ahora complementan lo ya expuesto sobre la importancia de las secuencias de endorretrovirus (ERV o HERV) en la evolución celular, tisular y orgánica, particularmente en el desarrollo de los mamíferos placentarios. Numerosas investigaciones relacionan genes fundamentales para el metabolismo, replicación, diferenciación o división celular con un origen viral, producto de infecciones retrovirales ocurridas hace millones de años. Actualmente se analizan múltiples genes en diversos tipos celulares y órganos.

Y si hablamos de órganos, resulta inevitable referirnos al cerebro, el órgano que define nuestra naturaleza, el que nos permite la conciencia del «yo», del «tú», del «nosotros». Aparentemente, en el genoma de algunos animales mandibulados, incluida nuestra especie, podría existir una secuencia genética de origen endorretroviral con relevancia en el proceso de mielinización: la producción de mielina, esa cubierta lipídica —con proteínas específicas como la denominada PLP o la Básica de Mielina— que recubre los axones y las fibras nerviosas, protegiéndolas como el aislante que envuelve un conductor eléctrico y permitiendo un impulso nervioso saltatorio extremadamente rápido. Así ha evolucionado el Subfilo *Vertebrata* dentro del Filo *Chordata*: peces, anfibios, reptiles, aves y mamíferos. Aunque variable según la distancia que debe recorrer, la velocidad de un impulso nervioso puede alcanzar los 100 metros por segundo (360 km/h). Con velocidades inferiores, nuestra supervivencia quedaría seriamente comprometida.

Evolutivamente, nuestro cerebro dispone de dos mecanismos eficaces para la supervivencia. La rapidez del impulso nervioso permite que desde que percibimos un estímulo hasta que el cerebro procesa la información y ordena una respuesta transcurran apenas unos milisegundos. Esto se logra mediante el impulso saltatorio facilitado por la vaina de mielina. Por otra parte, existe un fenómeno casi subconsciente relacionado con la percepción de imágenes preconcebidas almacenadas en la memoria, que permiten al cerebro completar lagunas informativas y tomar decisiones inmediatas. Por ejemplo, al caminar e intuir periféricamente una forma que se aproxima a gran velocidad, reaccionamos instantáneamente sin necesidad de identificar elementos específicos como un volante o un parachoques para deducir que podría tratarse de un vehículo y que nos encontramos en peligro.

El estudio publicado en la prestigiosa revista *Cell* sobre estos genes de origen vírico y el cerebro de vertebrados fue realizado por científicos de la Universidad de Cambridge en colaboración con otros centros británicos y franceses. La secuencia genética presumiblemente vírica asociada al desarrollo de la mielina y, consecuentemente, del cerebro, se denomina «RetroMielina». Este elemento es un transcrito, es decir, un ARN producido a partir de un gen que no se traduce a proteína, sino que funciona como regulador de la expresión de otros genes.

Ya se conocía que el origen de la mielina y de la mandíbula en el árbol filogenético evolutivo debió producirse aproximadamente en el mismo periodo, con las significativas implicaciones que esto tuvo para la diversificación de los vertebrados. Sin embargo, es la primera vez que se identifican mecanismos moleculares relacionados con genes de procedencia endorretroviral en este proceso. Recordemos el concepto de transposón, ese elemento móvil del genoma; cuando dicho elemento procede de un antiguo retrovirus, se denomina retrotransposón, abundante en nuestro ADN.

Un retrotransposón denominado RNLTR12-int estaría implicado en la producción del transcrito de ARN retromielina. Resulta fascinante, considerando todo lo aprendido sobre las secuencias virales compartidas en nuestro genoma, cómo a lo largo de la evolución hemos ido eliminando ADN viral no beneficioso —generando probablemente esos fragmentos residuales que aún pueblan nuestro genoma—, mientras hemos asimilado aquellos genes virales que nos han proporcionado ventajas evolutivas. ¿Qué podría ser evolutivamente más ventajoso que la condición de mamífero placentario o poseer cerebro y mielina?

¿Qué célula produce la mielina? Los oligodendrocitos, células extremadamente versátiles que se diferencian en el sistema nervioso central en células maduras productoras de proyecciones —«procesos», en terminología de laboratorio— con mielina, que envuelven las fibras nerviosas, generando múltiples capas protectoras a lo largo del nervio, exceptuando puntos específicos conocidos como nódulos de Ranvier, donde se producen interrupciones de la mielina creando pequeñas regiones desnudas equidistantes. Esta estructura constituye la base del impulso nervioso saltatorio, hasta diez veces más rápido que en organismos sin mielina.

Al estudiar los genes de los oligodendrocitos implicados en la generación de mielina, los investigadores identificaron el retrotransposón que produce el transcrito retromielina, esencial en una cadena de señalización comparable a una línea de producción industrial: la retromielina se une a un factor de transcripción —molécula activadora de genes— denominado SOX10, que a su vez regula la expresión de la Proteína Básica de Mielina (MBP), principal componente de la mielina. Se verificó este proceso de forma sencilla en ratones; al inhibir la expresión de retromielina en sus células, estas dejaban de producir MBP.

Finalmente, se examinó la presencia de elementos similares a retromielina en diferentes especies de vertebrados. Se confirmó su existencia en vertebrados mandibulados —peces cartilagino-

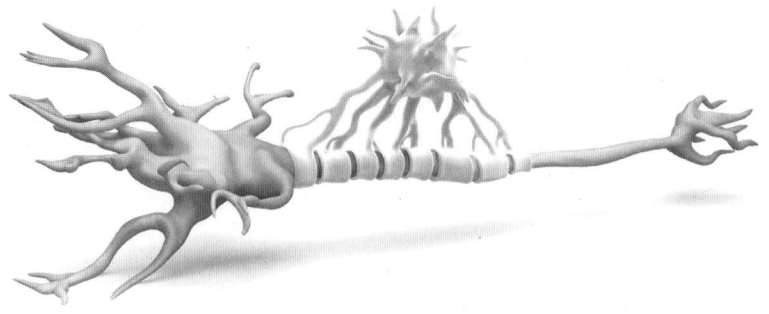

Un oligodendrocito abraza el axón de una neurona [Shot4Sell/Shutterstock].

sos, reptiles o aves, entre otros—, pero no en los no mandibulados, como las lampreas. Los investigadores concluyeron que la retromielina no se incorporó al genoma de los vertebrados mandibulados en un único evento en algún ancestro común, sino en múltiples ocasiones, adquiriendo en todos los casos similar importancia y función mediante un mecanismo conocido como evolución convergente.

La conclusión fundamental del estudio destaca el importante papel de numerosas regiones no codificantes de nuestro genoma —aquellas que no producen proteínas— en la regulación de la expresión y producción de proteínas como la MBP, así como en el conjunto del metabolismo, fisiología y evolución animal.

A partir de estas nuevas investigaciones, será necesario analizar detenidamente todos los fragmentos genéticos de origen viral ancestral que se encuentran en nuestro ADN. Dejando atrás el tema de la mielina, nos trasladaremos ahora al parque nacional de Yellowstone para continuar abordando la relación entre evolución y virus, pero desde una perspectiva completamente diferente. Examinaremos el papel de otros virus extremadamente grandes en la posible aparición de la vida —en ciencia casi todo permanece en el terreno de lo «posible» hasta demostración en contrario, pues el principio de falsabilidad de Karl Popper subyace a cualquier resultado, para mayor beneficio del avance científico—.

VIRUS GIGANTES COMO IMPULSORES DE LA EVOLUCIÓN

¿Cómo se originó la vida en nuestro planeta? ¿Cuándo aconteció este fenómeno? ¿Qué o quién fue LUCA? Estas interrogantes generan intensa investigación, especulación, hipótesis y teorías, aunque estamos lejos de responderlas completamente. Abordemos la más accesible: según expertos en paleontología molecular y evolución, la vida en la Tierra comenzó a partir de un caldo primordial hace más de 3500 millones de años. Desde ese momento fueron surgiendo moléculas progresivamente más complejas hasta que, eventualmente, algunas adquirieron capacidad de replicación y se agruparon bajo membranas, iniciando el largo camino evolutivo. Existe una teoría sobre la formación de estas primeras moléculas autorreplicantes que conectaría con la posible aparición de los primeros virus sencillos de ARN.

Existen tres teorías principales sobre el origen de los virus que podrían explicar la aparición de las diversas familias víricas actuales. Estas hipótesis no son necesariamente excluyentes ni independientes; podrían existir mecanismos intermedios que también explicaran la existencia de algunos de estos patógenos. Fundamentalmente, las tres teorías proponen: 1) Algunos virus surgirían de células que se fueron simplificando hasta convertirse en parásitos de otras más grandes, perdiendo finalmente su autonomía y transformándose en patógenos intracelulares obligados. Los especialistas argumentan que, de ser así, deberíamos haber encontrado organismos intermedios entre virus y células; sin embargo, los virus gigantes que analizaremos parecen aproximarse a esta condición intermedia. 2) Otros virus podrían haberse originado a partir de elementos genéticos móviles como los transposones, que acabaron independizándose del genoma celular. 3) Finalmente, se considera que en el caldo primigenio de Oparin podrían haberse formado moléculas de ARN sencillas con actividad enzimática, conocidas actualmente como ribozimas.

Independientemente de si la vida se originó por acción de descargas eléctricas o en fumarolas submarinas, existen actualmente tres teorías principales sobre el posible origen de la vida terrestre —otra hipótesis, complementaria, sugiere que la vida en nuestro planeta surgió y desapareció varias veces debido a cataclismos cósmicos—. Una de las teorías más estudiadas postula un ambiente acuoso rico en determinadas moléculas, con una atmósfera muy diferente a la actual —posiblemente rica en nitrógeno, dióxido de carbono, hidrógeno y metano—, donde se producían innumerables descargas eléctricas. En 1953, Stanley Miller (1930-2007) y Harold Clayton Urey (1893-1981) realizaron su célebre experimento Miller-Urey, creando un sistema cerrado con agua caliente combinada con moléculas de hidrógeno, amoniaco y metano, sometidas a descargas eléctricas. Al analizar el resultado, descubrieron que a partir de estas moléculas básicas se generaban otras más complejas como aminoácidos, respaldando la teoría de Aleksandr Ivánovich Oparin (1894–1980). Estas moléculas primitivas habrían ido combinándose gradualmente con otros átomos y moléculas de la superficie terrestre, como metales, aumentando su complejidad y versatilidad. El proceso de transición desde esta sopa primordial hasta la primera célula primitiva continúa siendo objeto de intenso debate científico.

Otra teoría nos remite al espacio. Aunque algunos investigadores proponen la posibilidad de microorganismos primitivos que habrían sobrevivido largos viajes interestelares —quizás como esporas—, la hipótesis de panspermia más aceptada se refiere a la llegada a la Tierra, mediante asteroides y otros cuerpos celestes, de los componentes iniciales de la vida: aminoácidos y posiblemente algunos nucleótidos. La tercera teoría, como mencionamos anteriormente, se centra en las profundidades oceánicas, específicamente en las fumarolas o chimeneas hidrotermales submarinas, emanaciones que se originan en zonas del lecho marino donde la corteza se fractura, liberando gases y otros materiales. Debido a las elevadas presiones, se alcanzan temperaturas superiores a 100°C. Esta hipótesis sustituiría las descargas eléctricas por estas condiciones extremas de presión y temperatura en ambientes ricos en diversas moléculas. Es la teoría menos respaldada, ya que aparentemente muchos procesos de formación molecular requieren exposición a la radiación ultravioleta solar.

Otra hipótesis, no ya sobre el surgimiento de las moléculas fundamentales, sino sobre el origen de la vida propiamente dicha —la primera célula—, propone un posible organismo ancestral común a todos los seres vivos terrestres. Este organismo primigenio se conoce como LUCA (*Last Universal Common Ancestor*, último antepasado común universal), concepto equivalente a una «piedra filosofal» evolutiva que transformaría molé-

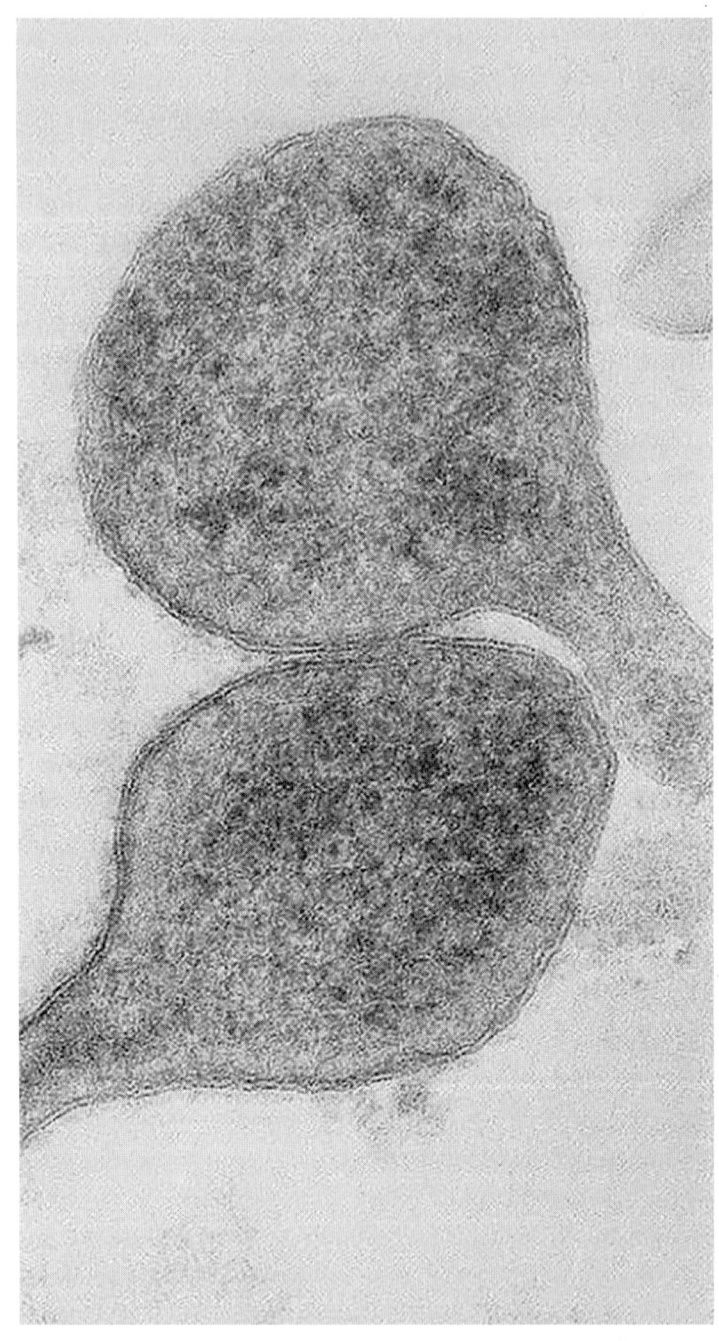

Mycoplasma genitalium es la bacteria de vida libre más pequeña conocida [Medical SVG].

culas básicas en un organismo primordial capaz de replicarse, del cual habrían derivado todos los demás organismos: bacterias, arqueas, plantas, animales y cualquier entidad clasificada como ser vivo. Esta idea fue introducida por Charles Robert Darwin (1809-1882). Con estos antecedentes, consideremos algunas investigaciones recientes que sugieren que ciertos virus desempeñaron un papel crucial en esta diversificación inicial de la vida hace miles de millones de años.

Antes de continuar, es necesario volver a presentar a los otros protagonistas de esta historia: los virus gigantes o «giruses». Cuando imaginamos un virus estándar, pensamos en una estructura nanomolecular de aproximadamente 100 nm. Existen virus denominados Virus Grandes Citoplasmáticos que pueden alcanzar unos 300 nm de media, como el virus de la viruela. Sin embargo, dentro de este grupo existe una categoría de virus que pueden alcanzar ¡una micra! de tamaño medio; es decir, pueden superar en dimensiones a algunas bacterias. Estos son los virus gigantes pertenecientes al filo *Nucleocytoviricota*.

Para quienes trabajamos con cultivos celulares, existe siempre la preocupación de contaminación por bacterias extremadamente pequeñas, los micoplasmas. Algunas de estas bacterias, como *Mycoplasma genitalium*, pueden medir solo 450 nm de diámetro y codificar cerca de 500 proteínas. Un mimivirus, tipo de virus gigante, puede codificar aproximadamente 1000 proteínas, mientras que otro «girus» como Pandoravirus puede superar la micra de tamaño medio.

Se han descrito muy pocas familias de «giruses». Son virus de ADN que replican en el citoplasma celular —a diferencia de la mayoría de virus ADN, que replican en el núcleo— y suelen infectar principalmente protistas —amebas—, aunque se han publicado algunos estudios, no exentos de controversia, atribuyendo a ciertos miembros del género mimivirus determinadas neumonías en humanos. Aunque no representan necesariamente verdaderos «eslabones perdidos» evolutivos entre virus y organismos vivos, continúan descubriéndose ejemplares cada vez más complejos —¡algunos incluso con ribosomas!—. Como señalamos, están muy cerca de convertirse en organismos autosuficientes. Son tan complejos que incluso poseen sus propios virus parásitos, concepto que hace unas décadas habría parecido surrealista. Nos referimos a los virófagos o «virus de virus». Tradicionalmente, se considera que un virus es un parásito intracelular obligado que infecta organismos vivos. Sin embargo, los virófagos —pertenecientes a la familia *Lavidaviridae*, descritos en 2008 por el mismo grupo francés que caracterizó los mimivirus— son entidades que parasitan a otros virus, comportándose como satélites de ADN.

La evolución presenta aspectos fascinantes. Ya mencionamos CRISPR, un mecanismo antiviral bacteriano descubierto por el científico alicantino Francis Mojica. Posteriormente, la aplicación de este sistema para editar genomas se convertiría en uno de los hitos fundamentales de la biología molecular contemporánea, permitiendo modificar secuencias de ADN en células. Desde que se descubrió CRISPR y se publicó su aplicación en *Science* en 2012, la biología molecular, la genética y la biotecnología han atravesado una frontera que abre horizontes difíciles de imaginar.

Las bacterias se defienden de los bacteriófagos reconociéndolos y degradando su genoma. Recientemente, se ha observado que algunos virus gigantes han desarrollado también un mecanismo similar a CRISPR para protegerse de sus propios parásitos virófagos. El primer virófago se descubrió en una torre de refrigeración de agua en París y fue denominado Sputnik. Actúan como «polizones» en la infección de virus gigantes, constituyendo una peculiaridad biológica al ser parásitos de otros parásitos intracelulares obligados. Más sorprendente aún resulta encontrar en virus gigantes un sistema análogo a CRISPR, planteando interrogantes sobre su origen y su posible aplicación en laboratorios. ¿Adquirieron los virus gigantes esta capacidad similar a CRISPR de alguna célula infectada, o nuevamente la evolución ha generado mecanismos similares por vías independientes?

Ya existen estudios al respecto: virólogos secuenciaron 60 cepas de mimivirus y buscaron secuencias de un virófago dependiente de estos virus, el Zamilon, observando que aquellos mimivirus resistentes al Zamilon contenían pequeñas secuencias de ADN que se solapaban con este virófago. Adyacentes a estas secuencias, los mimivirus presentaban genes codificantes de enzimas degradadoras del ADN coincidente, reproduciendo esencialmente el principio del sistema CRISPR. Aparentemente, nos encontramos ante otro caso de evolución paralela: virus gigantes defendiéndose de sus propios parásitos, mientras estos últimos intentan eludir estas defensas.

Un descubrimiento reciente revela que los «giruses» también tienen mucho que aportar a la comprensión de la evolución de la vida, como demuestran estudios en el parque nacional de Yellowstone. Según una publicación en *Science* —también difundida en *Communications Biology*—, algunos virus gigantes podrían haber desempeñado un papel fundamental en la evolución terrestre primigenia. Estas investigaciones, realizadas en las aguas termales de Yellowstone, sugieren que estos agentes infecciosos habrían sido cruciales en el desarrollo temprano de la vida. Como hemos visto, los «giruses» normalmente infectan protistas como amebas. Sin embargo, en el estudio de Yellowstone, en aguas termales ácidas, se ha observado que también podrían haber infectado algas rojas primitivas durante aproximadamente 1500 millones de años, estimulando la evolución biológica.

Para clarificar, las algas rojas o rodófitas (filo Rhodophyta) constituyen un grupo diverso en formas y tamaños que comprende más de 7000 especies. Representan un conjunto taxonómico complejo, persistiendo cierta controversia sobre si todas las especies pertenecen al reino Plantae o al reino Protista.

El conjunto de aguas termales del Parque Nacional de Yellowstone se considera un modelo de las condiciones terrestres hace miles de millones de años, cuando se originó y comenzó a diversificarse la vida. Desde su descubrimiento hace dos décadas, los virus gigantes han sorprendido continuamente a virólogos y biólogos. Son virus considerablemente grandes —superando a algunas bacterias simples—, pero a pesar de su complejidad no pueden subsistir fuera de sus células hospedadoras. Presentan características próximas a las bacterias, como mecanismos similares a CRISPR, y están cercanos a convertirse en verdaderos seres vivos, transformación que, sin embargo, no se ha producido ni se prevé en el futuro próximo. No obstante, según los investigadores, podríamos considerar a estos virus gigantes identificados en Yellowstone como «microcápsulas temporales» evolutivas. Durante este proyecto, científicos de la Universidad de Rutgers en Nueva Jersey analizaron el genoma de las algas rojas de las fuentes termales del parque para descifrar la evolución eucariota temprana.

El parque nacional de Yellowstone, ubicado entre los estados de Wyoming, Montana e Idaho, comprende casi 9000 kilómetros cuadrados —aproximadamente seis veces la superficie de Gran Canaria—. Fue declarado primer parque nacional estadounidense y mundial de su categoría. Establecido en 1872, alberga gran diversidad de fauna salvaje incluyendo osos pardos, lobos, bisontes y alces. El parque también preserva el Gran Cañón de Yellowstone, el géiser Old Faithful —el más conocido del mundo— y numerosos géiseres y fuentes termales. Estos fenómenos geotérmicos evidencian la continua actividad volcánica de la región. Según la información del Servicio de Parques Nacionales, el lago Yellowstone es el lago de gran altitud más extenso de Norteamérica.

Una de las entradas al parque nacional de Yellowstone [NayaDadara/Shutterstock].

Según describieron los investigadores, la infección por estos virus gigantes habría sido fundamental en la evolución. Utilizando técnicas avanzadas de secuenciación y análisis de ADN, se centraron en el arroyo de aguas termales —aproximadamente 44°C y muy ácido— conocido como Lemonade Creek, estudiando la densa alfombra formada por estas algas rojas. Al analizar estas rodófitas, encontraron ADN viral; no de forma casual sino de más de 3700 virus potenciales, de los cuales hasta dos tercios eran virus gigantes. En total, se reconstruyó el genoma de aproximadamente 25 virus gigantes distintos, descubriendo sorprendentemente que estas secuencias correspondían a virus extremadamente antiguos, de millones de años de antigüedad. Al elaborar árboles filogenéticos, observaron que la diversificación biológica se había producido hace más de 1500 millones de años, sugiriendo que estas infecciones primitivas debieron participar y contribuir a la expansión de la vida incipiente.

Como conclusión, confirmamos que los virus están presentes dondequiera que exista vida celular y han existido al menos tanto tiempo como esta. Estos datos, junto con los mencionados anteriormente sobre la posible implicación de los nanoorganismos víricos en la aparición de los mamíferos placentarios, deberían motivarnos a reconsiderar nuestra percepción global de los virus —más allá de gripes, COVID o sarampión—.

COMER CACA COMO PROCESO ADAPTATIVO

Tras analizar el papel de los virus en la evolución, conviene examinar el fenómeno inverso: la influencia de nuestra especie en la adaptación forzada de otros mamíferos. Un reciente editorial publicado en *Science* describe cómo algunos primates, con espacio vital cada vez más reducido, se ven obligados a subsistir mediante estrategias extremas, incluyendo la ingesta de excrementos de murciélagos. Esta situación no solo representa un cambio drástico en su comportamiento, sino que podría constituir un vector para la transmisión de nuevos virus procedentes de quirópteros, con el potencial de evolucionar y representar un riesgo para futuras pandemias.

Como es conocido, numerosas epidemias o pandemias que han afectado a la humanidad durante el último siglo han tenido origen zoonótico, es decir, se han transmitido desde otros animales a humanos. Sin remontarnos demasiado, podemos citar la epidemia de ébola de 2014 o la pandemia de COVID-19. Concretamente, el ébola o el carbunco (incorrectamente denominado ántrax en español) surgieron casi con certeza después de que humanos entraran en contacto con sangre, fluidos corporales u órganos de chimpancés u otros primates previamente infectados, muy probablemente, a partir de murciélagos.

Un artículo publicado en *Communications Biology* y comentado en un editorial de *Science* documenta cómo chimpancés, entre otros animales, se ven forzados, por ahora excepcionalmente, a consumir guano de murciélagos, comprobado posteriormente como portador de diversos virus. Estos simios, filogenéticamente muy cercanos a nuestra especie, junto con monos colobos (género *Colobus*) e incluso antílopes, tradicionalmente obtenían sus nutrientes y minerales esenciales como sodio, potasio, magnesio o fósforo de plantas como la palmera de rafia. Sin embargo, recientemente se ha observado que buscan activamente en troncos huecos habitados por murciélagos, consumiendo sus excrementos. El estudio se ha realizado en la Reserva Forestal de Budongo, en Uganda.

El género *Raphia* comprende aproximadamente veinte especies de plantas fanerógamas, casi en su totalidad africanas. Son palmeras o palmas de gran tamaño cuyas fibras se utilizan para diversos fines, como elaboración textil (indumentaria, sombreros o calzado) o en el sector de la construcción. Resulta lamentable el escaso respeto por el frágil equilibrio de la biodiversidad.

¿Qué ha provocado este cambio tan drástico de comportamiento? Casi con total certeza, la intervención humana. Específicamente, la tala indiscriminada de estas plantas para establecer plantaciones de tabaco, considerablemente más lucrativas. Esta actividad experimentó un notable incremento entre

2006 y 2012. Aparentemente, la demanda de tabaco propició que los trabajadores de estas plantaciones cortaran las palmas de rafia para fabricar cuerdas con las que atar las hojas de tabaco durante su secado. Esta práctica privó a los animales de su fuente primaria de nutrientes y minerales, obligándolos a improvisar nuevas dietas, incluyendo el consumo de arcillas y otras sustancias, hasta descubrir que el guano de murciélago contiene muchos de los minerales necesarios para su supervivencia.

Según los especialistas, en 60 años de observaciones en la Reserva Forestal de Budongo no se había registrado un comportamiento similar. Este fenómeno ha sido corroborado y analizado por Tony Goldberg, de la Universidad de Wisconsin-Madison. El estudio confirma que en estos excrementos secos de murciélago se encuentran decenas de virus potencialmente patógenos, incluso para humanos. Esto genera una nueva preocupación: la posibilidad de que estos cambios de comportamiento animal desencadenen futuras pandemias (recordemos que el SARS-COV-2 se transmitió del murciélago a un animal intermediario, el pangolín, y posteriormente a nuestra especie).

Para realizar esta investigación, el equipo de Goldberg instaló cámaras en los árboles, documentando cómo los chimpancés recogían y consumían guano, o introducían su rostro en huecos arbóreos para olfatear, inhalando inevitablemente partículas víricas junto con el polvo de estos excrementos. Constataron que durante dos años, los simios consumieron guano al menos 92 veces en 71 días diferentes. Los monos colobos lo hicieron aproximadamente 65 veces, mientras que los antílopes raficeros rojos (*Raphicerus campestris*) —pequeño antílope africano similar al oribí— más de 680 veces. Cabe señalar que no solo consumían guano directamente de los árboles, sino también de explotaciones agrícolas donde aparentemente se acumulaba como fertilizante.

El análisis de estos excrementos reveló la presencia de diversas especies virales. En el ARN y ADN del guano se detectaron 72 secuencias víricas previamente desconocidas, incluyendo nuevos coronavirus que el equipo investigador denominó Buhiruguvirus 1. Como nota parcialmente tranquilizadora, al analizar las

Raphicerus campestris en Namibia [Erni/Shutterstock].

proteínas potencialmente derivadas del genoma viral secuenciado, no se pudo determinar que pudieran interactuar con receptores conocidos de nuestras células. Sin embargo, la evolución es un proceso continuo: un virus como el SARS-COV-2, inicialmente incapaz de infectar humanos, puede evolucionar en reservorios animales hasta adquirir dicha capacidad.

Por tanto, la cuestión crucial no es si volveremos a enfrentarnos a «malas noticias envueltas en proteínas», como expresaron los biólogos Jean y Peter Medawar, sino cuándo ocurrirá. Resulta imperativo intensificar la vigilancia epidemiológica y regular tanto la actividad humana como nuestros hábitos alimentarios. No obstante, surge un desafío considerable: ¿cómo implementar estas medidas en regiones donde los controles sanitarios son prácticamente inexistentes? Los primates y antílopes pueden incorporarse a la cadena alimentaria humana y, con ellos, potenciales agentes patógenos emergentes.

LOS BACTERIÓFAGOS: SIN ELLOS, LA VIDA... ¡COMO QUE NO!

BACTERIÓFAGOS: VIRUS QUE INFECTAN BACTERIAS Y COMBATEN INFECCIONES

Hemos abordado en varias ocasiones el tema de los seres no vivos más abundantes de nuestro planeta. Analizamos los bacteriófagos como bibliotecas génicas, como herramientas de laboratorio fundamentales para el descubrimiento de la molécula de la vida, y como organismos con morfologías sumamente peculiares —los denominados fagos T-pares, por ejemplo—, que presentan estructuras que evocarían organismos de ciencia ficción: cabezas voluminosas, cuellos o colas alargadas que permiten inyectar el genoma en su víctima, collarines, espículas y filamentos a modo de patas para adherirse a su bacteria diana. En este capítulo profundizaremos en los bacteriófagos como entidades, en su historia, composición y, especialmente, en su capacidad para modificar el mundo, influir en el clima, o servir como alternativa terapéutica en un contexto que, si no actuamos con determinación, nos conducirá a infecciones cada vez más frecuentes por bacterias hiperresistentes a prácticamente todos los antibióticos disponibles actualmente. Se estiman millones de muertes anuales en las próximas décadas por infecciones bacterianas contra las que hoy todavía disponemos de antibióticos. ¿Presenciaremos nuevamente muertes por lepra, incrementos sustanciales en casos de tuberculosis más agresivas, gangrenas o sífilis, entre otras patologías? Comencemos por lo fundamen-

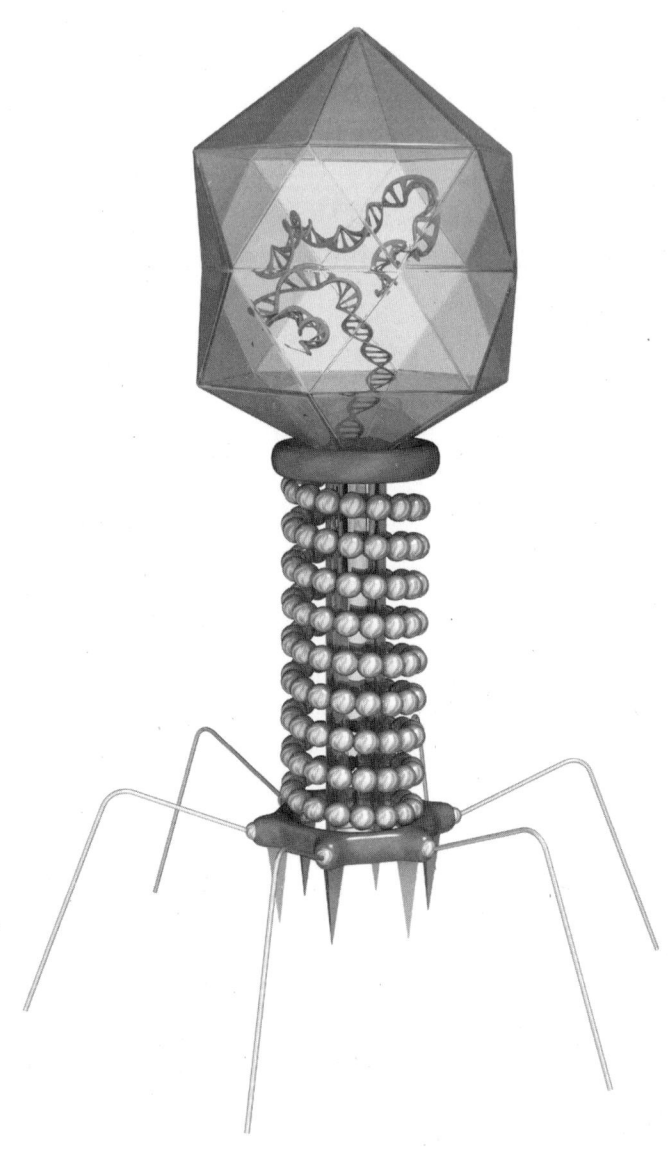

Ultraestructura de un fago [3dman/Shutterstock].

tal: qué son realmente estos seres, cómo se organizan y quiénes los descubrieron.

Si nos atenemos rigurosamente a su definición y raíz griega, un bacteriófago es un «comedor de bacterias». Como prácticamente cualquier virus, posee una envuelta protectora proteica y su genoma, que puede ser de ADN —tanto monocatenario como bicatenario— o ARN; estos últimos constituyen una minoría en el conjunto del mundo bacteriofágico. Cabe destacar que aún no se han identificado fagos que posean la enzima retrotranscriptasa.

Los viriones —partículas bacteriofágicas— pueden presentar una isometría icosaédrica —la característica figura con veinte caras— o configuraciones alargadas, filamentosas o helicoidales. Además, como hemos observado, algunos exhiben morfologías complejas que incluyen cola —para inyectar el ADN a la bacteria, presentes en más del 80 % de todos los fagos—, estructuras similares a patas, collarines y otros elementos distintivos.

Al igual que en el resto de la virosfera —el universo vírico—, existen bacteriófagos extremadamente pequeños, de aproximadamente 20 nanómetros de diámetro, y ejemplares considerablemente mayores que superan los 200 nanómetros. Pueden infectar prácticamente cualquier familia, género y especie bacteriana —o arqueas, en cuyo caso podríamos denominarlos «arqueófagos»—. Por ello, se les considera fundamentales para mantener el equilibrio procariota en los ecosistemas, es decir, para regular de algún modo las poblaciones bacterianas y de arqueas, incluso aquellas que habitan en el interior de organismos como el nuestro.

Se estima que albergamos más bacterias en nuestro intestino que células en todo el cuerpo; pues bien, el número de bacteriófagos podría ser incluso superior. Se considera que por cada bacteria presente en los océanos podemos encontrar una media de diez bacteriófagos, estando infectadas por estos virus más del 70 % de la población bacteriana marina, lo que podría influir, como analizaremos posteriormente, en fenómenos climáticos globales.

PERSPECTIVA HISTÓRICA Y CONTROVERSIAS INICIALES

Los primeros bacteriófagos fueron presentados a la comunidad científica a principios del siglo XX, con dos figuras destacadas: el británico Frederick William Twort (1877-1950) y el francocanadiense Félix Hubert d'Hérelle (1873-1949). Si bien Twort describió hacia 1915 un agente bacteriolítico capaz de atravesar los filtros diseñados para retener bacterias y lisar procariotas, sugiriendo que podría tratarse de un virus, fue necesario esperar hasta 1917 para que el microbiólogo d'Hérelle concretara, mediante un estudio iniciado casi una década antes, la caracterización de un agente capaz de combatir infecciones en pacientes con disentería bacteriana, acuñando el término «bacteriófago». A diferencia de Twort, el científico canadiense sostuvo consistentemente la hipótesis vírica para explicar este fenómeno de lisis bacteriana.

Félix d'Hérelle inició de hecho los fundamentos de la fagoterapia al tratar exitosamente a un niño con disentería bacteriana grave. Este tipo de terapia resultaba prometedora, alcanzando popularidad en numerosos países hasta que, por serendipia, Alexander Fleming (1881-1955) descubrió la penicilina en 1928, comenzando a utilizarse clínicamente con éxito a partir de la Segunda Guerra Mundial, lo que relegó a la fagoterapia hasta la actualidad, cuando nos enfrentamos a la alarmante proliferación de resistencias bacterianas.

Un tercer protagonista en estos primeros avances del descubrimiento y caracterización de los fagos fue el georgiano George Eliava (1892-1937), quien tras colaborar como experto bacteriólogo con d'Hérelle en el Instituto Pasteur de París entre 1926 y 1927, implementó la técnica y el uso terapéutico de los bacteriófagos en Georgia, entonces parte de la Unión Soviética. Lamentablemente, debido a las circunstancias políticas del régimen estalinista, Eliava fue ejecutado junto a su esposa en 1937, unos meses después del bombardeo y destrucción de Guernica por la Legión Cóndor, episodio que inauguró los ataques aéreos sistemáticos contra población civil. Tales fueron los oscuros acontecimientos que marcaron el siglo xx.

Curiosamente, incluso después de que las terapias con fagos perdieran relevancia en el mundo occidental, estas continuaron investigándose en el instituto fundado por Eliava en Georgia, integrándose en el sistema sanitario de toda la Unión Soviética. Estos tratamientos, aplicados individualmente o en combinación con antibióticos, mantuvieron su popularidad hasta la desintegración de la URSS. Sin embargo, a partir de la década de 1990 se establecieron colaboraciones con Occidente, y posteriormente se trató en el Instituto Eliava a pacientes extranjeros con infecciones bacterianas resistentes a antibióticos, como la osteomielitis.

Una vez establecido este contexto histórico, abordemos las aplicaciones terapéuticas y las implicaciones climáticas de estos «comedores de bacterias»: los bacteriófagos.

APLICACIONES TERAPÉUTICAS DE LOS BACTERIÓFAGOS FRENTE A INFECCIONES BACTERIANAS

Como describe la página web del csic (Consejo Superior de Investigaciones Científicas) dedicada a sus investigadoras expertas en bacteriófagos —Lucía Fernández, Diana Gutiérrez, Ana Rodríguez y Pilar García, autoras del libro *¿Qué sabemos de? Los bacteriófagos: Los virus que combaten infecciones*—, la diversidad del mundo microbiano incluye tanto bacterias beneficiosas como patógenas. Estas últimas provocan infecciones en humanos y animales cuyo tratamiento se ha convertido en un serio problema debido a la creciente ineficacia de la mayoría de los antibióticos utilizados. Hemos alcanzado un escenario donde el porcentaje de bacterias resistentes es tan elevado que el uso de antibióticos resulta frecuentemente ineficaz para erradicar las infecciones.

En este contexto, una de las alternativas más prometedoras son los bacteriófagos, virus que infectan bacterias provocando su muerte, siendo completamente inocuos para humanos, plantas, animales y el entorno. El libro mencionado expone las diversas aplicaciones de los bacteriófagos para la eliminación de bacterias patógenas en clínica humana y veterinaria, seguridad alimentaria y agricultura. Nos centraremos principalmente en su uso como sustitutos o complementos —preferiblemente esta segunda opción— de los antibióticos en enfermedades humanas causadas por bacterias resistentes.

Sin abandonar la investigación de nuestro país, y tras mencionar al equipo científico del Instituto de Productos Lácteos de Asturias, es también pertinente presentar a una de las investigadoras más activas en la búsqueda de bacteriófagos específicos contra patologías humanas concretas, habiendo desarrollado ya terapias muy prometedoras, aunque todavía en fase clínica preliminar. Nos referimos a Pilar Domingo-Calap, del Instituto de Biología Integrativa de Sistemas (Universitat de València-CSIC), donde dirige el grupo de Virología Ambiental y Biomédica. Además de haber sido galardonada, entre otros reconocimientos, con el Premio de Joven Viróloga de la Sociedad Española de Virología (SEV), su laboratorio trabaja intensamente en el aislamiento y detección de virus en la naturaleza con aplicaciones biomédicas, siendo la virología ambiental, la emergencia viral, la evolución de los virus y el descubrimiento de fagos en contextos biomédicos y biotecnológicos sus principales líneas de investigación.

Para comprender la dimensión del potencial de las terapias con bacteriófagos, es necesario describir con mayor precisión la verdadera amenaza que supone la pérdida de eficacia de los actuales tratamientos antibióticos:

Según numerosos especialistas en bacteriología, epidemiología y virología, de no intervenir adecuadamente, en pocos años podríamos regresar a una etapa pre-antibiótica, donde las infecciones bacterianas proliferaban sin tratamientos eficaces. No obstante, sin adoptar un enfoque excesivamente catastrofista, y mientras estos pronósticos siguen su curso, las nuevas investigaciones sobre los mecanismos celulares y moleculares de los antibióticos y la generación de resistencia resultan esenciales.

La generación de resistencia a los antibióticos por parte de las bacterias —mediante mutaciones progresivas, presión selectiva y evolución— es un problema considerablemente más grave de lo que generalmente se percibe, puesto que dicha resistencia puede transmitirse entre bacterias mediante mecanismos específicos. Todos tenemos responsabilidad en la generación de resistencias: el consumo indiscriminado de antibióticos o el abandono prematuro de tratamientos prescritos constituyen condiciones ideales para el desarrollo de bacterias resistentes.

La investigación responsable también aporta soluciones. Un estudio del CSIC ha identificado nuevas enzimas implicadas en la transferencia de resistencia a antibacterianos entre bacterias —proceso conocido como conjugación—. Específicamente, los investigadores se han centrado en las denominadas relaxasas, enzimas esenciales en las fases iniciales de la transferencia de resistencia entre células, según publicaron en la revista *PLOS Genetics*. Esta investigación revela más de 800 genes que codifican relaxasas similares en diferentes bacterias, muchas presentes en la microbiota intestinal.

La resistencia bacteriana se debe, entre otros factores, a que los genes adquiridos por las bacterias mediante conjugación —transferencia generalmente de fragmentos de ADN conocidos como plásmidos— codifican proteínas capaces de degradar las moléculas antibióticas. Algunas de estas proteínas, como las betalactamasas, son responsables de inactivar la acción de antibióticos betalactámicos como las penicilinas.

Numerosos proyectos de investigación actuales se centran en varios frentes: descubrir o sintetizar nuevos antibióticos, desarrollar terapias con fagos, revertir la resistencia bacteriana para recuperar la eficacia de los antibióticos existentes o, en aproximaciones más innovadoras, como la publicada por investigadores de la Universidad de Tel Aviv (Israel) en la revista *PNAS*, utilizar la técnica de edición genética CRISPR-Cas para modificar uno de los fagos más estudiados —el fago Lambda— capaz de integrarse en el genoma de bacterias resistentes, consiguiendo que

Olivar atacado por la bacteria *Xylella Fastidiosa* en Puglia,
Italia [Lucky Team Studio/Shutterstock].

el sistema CRISPR destruya tanto los genes de resistencia como los propios fagos modificados. El objetivo es eliminar selectivamente las bacterias resistentes a antibióticos preservando aquellas que mantienen sensibilidad. Actualmente, no se contempla implementar este sofisticado proceso para tratamiento humano directo, pero sí para aplicaciones como la esterilización de quirófanos o como componente de productos antisépticos para uso sanitario prequirúrgico.

Los virus, al igual que las bacterias y otros organismos, pueden ser patógenos o potenciales aliados terapéuticos. Considerando su ubicuidad, equipos de virólogos como el de Domingo-Calap se han convertido en «cazadores de virus beneficiosos». Según explica la coordinadora del Instituto de Biología Integrativa de Sistemas de Valencia, una vez identificado un fago de interés, se caracteriza y optimiza en laboratorio para su posterior producción, obteniendo así un producto efectivo contra infecciones bacterianas específicas. Este enfoque se desarrolla bajo el concepto de Salud Global u *One Health*, permitiendo aplicaciones en salud humana, animal, vegetal y medioambiental.

El concepto *One Health* o «Una sola salud» propone integrar la salud humana con la animal y ecosistémica desde una perspectiva holística, promovida por diversas administraciones aunque con limitaciones en su implementación práctica cotidiana.

Nos encontramos ante una aproximación terapéutica prometedora, combatiendo bacterias mediante virus naturales de forma precisa, eficaz y ecológicamente segura, representando nuevas terapias personalizadas y de precisión. Es destacable que en salud humana este grupo ya trabaja con pacientes mediante tratamientos compasivos, intervenciones de último recurso cuando no se dispone de alternativas terapéuticas efectivas. El equipo de Domingo-Calap es pionero en España en la aplicación de fagos como terapia humana con el aval de la Agencia Española de Medicamentos y Productos Sanitarios (AEMPS), habiendo realizado aproximadamente una decena de tratamientos en todo el territorio nacional.

En el ámbito medioambiental, se ha implementado el primer tratamiento de biocontrol basado en fagos para combatir *Xylella fastidiosa* en Islas Baleares, bacteria fitopatógena que afecta a cerca de 600 especies vegetales —cítricos, vid, melocotonero, ciruelo o alfalfa entre otras—, sin tratamiento efectivo hasta la fecha y con significativo impacto socioeconómico.

BACTERIÓFAGOS OCEÁNICOS Y SU INFLUENCIA EN EL CLIMA

Determinados científicos han desarrollado comparativas sobre la biomasa viral global: por ejemplo, ¿a cuántas ballenas azules antárticas —los animales más grandes del mundo— equivaldría la masa de todos los virus existentes? Este tipo de cálculos ha sido objeto de discusión en diversos congresos de virología. Como ya mencionamos anteriormente, podemos realizar algunas estimaciones aproximadas: un virus promedio puede pesar alrededor de 10^{-18} gramos (un attogramo), mientras que una ballena azul antártica, con casi 30 metros de longitud, puede alcanzar las 180 toneladas. Se estima que en el conjunto de la virosfera existen entre 10^{31} y 10^{32} partículas virales. Por lo tanto, un cálculo elemental nos proporcionaría una cifra cercana al millón de ballenas —aunque la estimación más frecuentemente citada asciende a cinco millones, posiblemente calculada con especies de menor masa—.

Si nos centramos específicamente en los virus presentes en los océanos —mayoritariamente bacteriófagos—, la cifra resulta igualmente significativa: en un solo mililitro de agua marina puede haber hasta 100 millones de partículas virales, lo que evidentemente tiene consecuencias ecológicas relevantes.

También es notable la comparación entre el número de virus y de estrellas en el universo, considerando una estimación de aproximadamente 100 000 millones de galaxias, cada una con unos 100 000 millones de estrellas, los virus superarían ampliamente esta cifra.

Los virus desempeñan un papel fundamental y activo en los ecosistemas oceánicos. Aunque hasta la década de 1980 no se habían estudiado en profundidad, aparentemente intervienen en la cadena trófica que sustenta la vida marina y, por extensión, la vida en todo el planeta. Estas fueron algunas de las conclusiones alcanzadas por científicos del Instituto de Ciencias del Mar de Venecia y de Barcelona, entre otros centros colaboradores, publicadas en *Science Advances* a partir de la expedición Malaspina realizada en 2010.

Este proyecto consistió en circunnavegar los océanos para inventariar el impacto del cambio global en el ecosistema marino y explorar su biodiversidad. Mediante el análisis de muestras combinadas de agua, plancton, partículas atmosféricas y diferentes gases en los océanos Índico, Pacífico y Atlántico, desde la superficie hasta los 6000 metros de profundidad, los investigadores establecieron un mapa cartográfico de la abundancia y distribución viral.

Como podría resultar inicialmente previsible —debido a la mayor presencia de células susceptibles de infección—, existe una mayor concentración de virus en las capas superficiales que en las profundas del océano. Sin embargo, sorprendentemente, casi el 95 % de los virus se localizaban por debajo de los 200 metros de profundidad, donde la luz ya no penetra —virus que habitan las zonas afóticas oceánicas—. La región oceánica oscura del Pacífico es, aparentemente y sin que se haya esclarecido completamente la causa, la más rica en virus —estas zonas también presentan, significativa y lógicamente, mayor abundancia de células procariotas, objetivos de los virus—.

En el estudio se observó una dinámica común al resto de bacteriófagos: existían virus líticos que degradaban las bacterias liberando su carbono orgánico, fenómeno que podría contribuir al equilibrio climático global, y virus lisogénicos, aquellos que se integran en la bacteria infectada y, en lugar de lisarla, coexisten con ella hasta que eventualmente pueden reactivar su ciclo lítico y destruir a su hospedadora. El artículo publicado concluye con una afirmación reveladora: «la principal causa de mortalidad en el océano profundo y oscuro es, en definitiva, la actividad vírica, la lisis, y no los depredadores que aprovechan el carbono bacteriano».

Además, los experimentos realizados durante la expedición Malaspina permitieron cuantificar el carbono orgánico y los nutrientes liberados al océano cuando un virus lisa una célula bacteriana, quedando disponibles para otros organismos marinos: 145 gigatoneladas —una gigatonelada equivale a 1000 millones de toneladas— de materia orgánica y carbono liberadas anualmente por acción viral. Consecuentemente, resulta innegable el papel crucial de los virus en las cadenas tróficas y los ciclos biogeoquímicos oceánicos.

Hemos examinado cómo un organismo prácticamente invisible a cualquier método convencional de detección, un bacteriófago, constituye colectivamente un auténtico motor del equilibrio trófico y vital. Por otra parte, también analizamos cómo el cambio climático puede contribuir a la aparición de nuevos virus emergentes y potenciales pandemias. Como conclusión de este extenso capítulo sobre los fagos, invertiremos la perspectiva para considerar el efecto contrario: la influencia viral sobre el clima.

Es ampliamente conocida la capacidad del océano para absorber CO_2 atmosférico; pues bien, los bacteriófagos pueden reducir esa captación natural de dióxido de carbono. ¿Cómo? Mediante su función como principales entidades replicativas del planeta en la regulación de poblaciones bacterianas. Lamentablemente, con frecuencia la lisis bacteriana permite que sus genes puedan transformar otras bacterias, que adquirirán nuevas características potenciales —como resistencia a antibióticos—. En los océanos, los procesos de lisis bacteriana, liberación de materia orgánica, regulación del CO_2 producido, transformación y transferencia de material genético ocurren continuamente.

Varios estudios publicados en *Current Biology* y *Science* abordaron esta cuestión con conclusiones significativas. Por ejemplo, cuando un virus infecta una célula marina fotosintética, utiliza su maquinaria de síntesis proteica para beneficio propio. En este proceso puede privar a esa bacteria —y consecuentemente al océano— de la capacidad energética para asimilar CO_2 atmosférico. Estos bacteriófagos que infectan cianobacterias, unos de los organismos más primitivos del planeta con capacidad fotosintética, se denominan cianófagos.

Las cianobacterias, que durante mucho tiempo fueron clasificadas como algas, son bacterias capaces de realizar fotosíntesis oxigénica; de hecho, son los únicos organismos procariotas con esta capacidad. Aunque no son ampliamente conocidas por el público general, resulta sorprendente considerar que fueron las primeras células libres que desarrollaron fotosíntesis oxigénica, predominante actualmente y fundamental en la evolución de la biosfera terrestre. Estos procariotas han poblado los océanos desde hace aproximadamente 2700 millones de años, generando niveles de oxígeno similares a los actuales unos 250 millones de años después. Por tanto, debemos a las cianobacterias los fundamentos del metabolismo aeróbico —basado en oxígeno— y, consecuentemente, la diversificación de los eucariotas hasta llegar a nuestra especie, *Homo sapiens sapiens*.

Las cianobacterias constituyen uno de los principales sumideros de CO_2 oceánico. Se estima que su muerte masiva por acción de los cianófagos podría impedir la captura de hasta 5000 millones de toneladas métricas de carbono anualmente, lo que representaría aproximadamente el 5 % del carbono fijado globalmente cada año. Para desarrollar esta investigación, los científicos se centraron en uno de los microorganismos fotosintéticos más abundantes mundialmente, cianobacterias del género *Synechococcus* obtenidas tanto en el canal de la Mancha como en el mar Rojo.

Antes de infectarlas con cianófagos, estas bacterias se cultivaban en medio suplementado con bicarbonato sódico, permitiendo medir la fijación de CO_2 en cada momento. Como era previsible según lo explicado anteriormente, poco después de la infección, la fijación del gas disminuía drásticamente. Las cianobacterias continuaban consumiendo energía, pero completamente redirigida hacia la producción de viriones en detrimento de su propio metabolismo.

Según señalan los autores en *Science*, el estudio resulta fundamental para aceptar que la comprensión del ciclo del carbono requiere considerar numerosas interacciones biológicas, así como para entender mejor el impacto de estos organismos —bacterias y fagos— en el medio ambiente. «Debemos comprender y continuar analizando este sistema si queremos determinar su influencia en el calentamiento global», concluyen los investigadores.

EL USO DE VIRUS EN ESTUDIOS BIOMÉDICOS

VIRUS COMO PROTAGONISTAS EN EL ESTUDIO DE PATOLOGÍAS

Nos aproximamos al final de este recorrido donde el virus ha sido protagonista, no solo como agente causante de patologías, pandemias o brotes epidémicos, sino también como entidad con potencial beneficioso: facilitador de terapias génicas innovadoras, componente de vacunas revolucionarias, herramienta para generar organismos modificados genéticamente en biotecnología, agente con capacidad para atacar células cancerosas o elemento que interactúa con el clima en múltiples direcciones. A continuación, analizaremos dos estudios que alcanzaron notoriedad mediática y ejemplifican el uso de estos patógenos intracelulares para investigar fenómenos con repercusión en nuestra salud: la contaminación lumínica y la lactancia materna.

CONTAMINACIÓN LUMÍNICA Y TRANSMISIÓN VIRAL

Como especialistas en virología participamos en numerosos congresos y conferencias sobre estructura, ciclo vital, replicación y diseminación viral. En estos foros científicos se debaten las causas de la distribución actual de especies virales, la emergencia de nuevos virus o la reemergencia de agentes infecciosos previamente controlados. Como hemos analizado anteriormente, existen múltiples factores que influyen en la dispersión y distribución de virus en nuevas áreas geográficas: movilidad humana, colonización de nuevos territorios o cambio climático, entre otros. Sin embargo, un editorial de la revista *Science* señaló una nueva variable con un título revelador: «La contaminación lumínica puede promover la propagación del Virus del Nilo Occidental» (WNV por sus siglas en inglés).

Aunque el nombre del Virus del Nilo Occidental indica su origen geográfico, actualmente constituye un patógeno recurrente que, a partir de la intensificación de la vigilancia epidemiológica durante la pandemia, se ha detectado en diversas zonas húmedas con presencia de mosquitos vectores, principalmente en el sur peninsular (Andalucía, Castilla-La Mancha, Extremadura, Comunidad Valenciana), aunque también se ha identificado en Castilla y León o Cataluña.

Una imagen satelital en una noche de verano totalmente despejada de nubes [Jay June/Nasa/Shutterstock].

Este virus afecta principalmente a aves, aunque puede transmitirse a humanos mediante mosquitos vectores que previamente hayan picado a aves infectadas. La infección puede manifestarse con erupciones cutáneas, fiebre, diarrea, fatiga y, en casos graves, inflamación cerebral y meníngea provocando meningitis. En Estados Unidos, el WNV apareció en 1999 en la costa este, extendiéndose por todo el territorio en pocos años, afectando a personas —con varios miles de fallecimientos— y especialmente a aves. Como se ha indicado, el virus se transmite por mosquitos que han picado previamente a aves infectadas. Significativamente, un reciente descubrimiento revela que las aves infectadas pueden diseminar el patógeno durante un periodo dos veces más prolongado cuando están expuestas a iluminación nocturna, es decir, a contaminación lumínica.

Es ampliamente conocido el impacto negativo en la salud de la contaminación atmosférica; también reconocemos los posibles efectos adversos —psicológicos, entre otros— del exceso de ruido. Sin embargo, las potenciales consecuencias de una contaminación lumínica moderada han recibido menos atención social. No nos referimos a dormir bajo una intensa iluminación, sino a una contaminación lumínica sutil, como la experimentada en entornos urbanos durante noches estivales al dormir con ventanas abiertas y persianas elevadas. El exceso de iluminación nocturna en nuestras calles altera el ritmo circadiano.

Según un nuevo estudio realizado en Florida, este fenómeno ha sido cuantificado y se han caracterizado sus consecuencias en aves. Se ha analizado la susceptibilidad de estas especies a la exposición lumínica nocturna adicional y su vulnerabilidad al WNV. Los resultados indican que esta exposición incrementaba los niveles de corticosteroides y otras hormonas relacionadas con el estrés en aves, aumentando su susceptibilidad a la infección viral.

Específicamente, en el trabajo presentado en la reunión anual de la Sociedad para la Biología Integrativa y Comparativa de Estados Unidos, ecoinmunólogos de la Universidad del Sur de Florida infectaron aproximadamente 50 gorriones con WNV. En la mitad de las jaulas mantuvieron una iluminación tenue nocturna, mientras que la otra mitad permaneció en completa oscuridad. A los dos días, la mayoría de las aves de ambos grupos habían enfermado, con elevada mortalidad. Sin embargo, las aves expuestas a contaminación lumínica pudieron transmitir el virus durante un periodo significativamente más prolongado.

Como conclusión, los autores sugieren que, contrariamente a lo que podría inferirse inicialmente, el estrés como tal no constituyó un factor determinante, pero sí pudo serlo otra hormona como la melatonina, que también afecta a la respuesta inmune facilitando la persistencia viral en sangre aviar. Por algún mecanismo, la contaminación lumínica permite que el agente infeccioso supere más eficazmente las defensas inmunitarias del hospedador, estableciendo una interacción adversa entre patógeno y hospedador.

Como consideración final, la contaminación lumínica nocturna en entornos urbanos no augura efectos positivos para nuestra salud a largo plazo, provocando la desregulación de nuestros ritmos circadianos —ámbito cuya investigación genética mereció el Premio Nobel en 2017—. Este estudio proporciona un motivo adicional para procurar condiciones de oscuridad adecuadas durante el descanso: prevenir la prevalencia y transmisión de determinadas enfermedades, puesto que el fenómeno analizado en aves con el WNV podría tener paralelismos en humanos con otros agentes patógenos.

INFLUENCIA DE LA LACTANCIA MATERNA EN LA VIRULENCIA VIRAL

Es necesario reconocer que, aunque no constituyen seres vivos, los virólogos frecuentemente describimos los virus atribuyéndoles características casi intencionales: «el virus reconoce nuevos hospedadores; el virus desactiva el sistema inmunitario; los virus desarrollan estrategias...». Esta antropomorfización representa una convención comunicativa en el ámbito científico. Lo cierto es que, independientemente de su clasificación biológica, las especies virales evolucionan adaptándose a las condiciones que favorecen su diseminación. Las características que permiten una mayor propagación y persistencia acabarán imponiéndose por selección natural.

Durante la pandemia observamos cómo el SARS-COV-2 evolucionó hacia variantes más transmisibles y menos virulentas. Esto responde a principios evolutivos fundamentales: a un virus no le resulta ventajoso ser extremadamente letal ni provocar síntomas demasiado rápidamente. En tales casos, como ocurrió con el SARS-COV-1 en 2002, los infectados enfermarían velozmente y se aislarían, interrumpiendo la cadena de transmisión. Un virus que puede transmitirse en fase asintomática y que produce abundante progenie pero síntomas moderados tendrá ventaja evolutiva —de ahí que el SARS-COV-1 fuera contenido, mientras el SARS-COV-2 se ha establecido permanentemente en nuestras poblaciones.

Estos principios pueden manifestarse en diferencias de virulencia de una misma especie viral dependiendo de circunstancias ambientales y sociales, como la lactancia materna. En el estudio que describiremos a continuación, se utilizó un retrovirus como modelo evolutivo, analizando cómo infectaba a hombres y mujeres indistintamente en diferentes regiones geográficas, pero modificaba su virulencia en respuesta a diferencias en las prácticas de lactancia.

La investigación, desarrollada en Royal Holloway (Universidad de Londres) con participación española, publicada en 2016 en *Nature Communications*, reveló que el retrovirus HTLV-1 (Virus Linfotrópico de Células T Humanas) presentaba menor virulencia en mujeres cuando estas mantenían la transmisión a sus hijos durante el parto o la lactancia. El HTLV-1 infecta células T humanas —similarmente al VIH— pudiendo causar diversos cánceres: leucemia/linfoma de células T del adulto (ATLL) y paraparesia espástica tropical, una mielopatía progresiva crónica.

Las tasas de mortalidad de determinadas enfermedades infecciosas suelen ser más elevadas en hombres que en mujeres. Tradicionalmente, este fenómeno se atribuye a diferencias inmunológicas, siendo el sistema inmunitario femenino generalmente más robusto —aunque esta misma característica puede predisponer a mayor incidencia de enfermedades autoinmunes—. Otra diferencia fundamental radica en que las madres tienen mayor probabilidad de transmitir infecciones a sus bebés durante el embarazo o mediante la lactancia.

En este estudio se analizaron las vías de transmisión del HTLV-1 entre hombres y mujeres japoneses y caribeños, cuantificando la virulencia según sexo y la progresión hacia ATLL. Desde una perspectiva evolutiva, al patógeno no le resultaría ventajoso eliminar una vía efectiva de transmisión (las mujeres), por lo que la tendencia sería desarrollar menor letalidad en ellas que en los hombres.

El análisis estadístico demostró que la progresión hacia ATLL en hombres japoneses era significativamente mayor que en mujeres japonesas, mientras que resultaba equivalente entre ambos sexos en poblaciones caribeñas. Tras exhaustivos análisis, los investigadores concluyeron que el factor diferencial era la duración de la lactancia, una vía efectiva de transmisión vertical del virus de madres a hijos.

Aunque inicialmente sorprendente, los datos epidemiológicos confirman que la lactancia materna es considerablemente más prolongada en Japón —hasta varios años— que en países caribeños. Coincidentemente, Japón presenta una de las tasas de natalidad más bajas del mundo —posiblemente ambos fenómenos estén relacionados—.

Los autores proponen que la diferencia en las prácticas de lactancia podría haber conducido a la divergencia de virulencia del mismo virus entre las dos poblaciones. Este trabajo demuestra la importancia de investigar las diferencias en perfiles de expresión genética de patógenos entre hombres y mujeres en distintos contextos socioculturales.

El virus evolucionó sin establecer diferencias significativas de virulencia entre hombres y mujeres caribeños, con periodos breves de lactancia, mientras que seleccionó una virulencia reducida en mujeres japonesas, maximizando así su probabilidad de transmisión vertical a través de periodos prolongados de lactancia.

Y DE LO MÍO... ¿QUÉ?

INVESTIGACIONES EN NEUROVIROLOGÍA DE LA UNIVERSIDAD AUTÓNOMA DE MADRID

Mi trayectoria científica comenzó de manera fortuita. Durante mis estudios de Biología, mi interés inicial se centraba en la entomología, particularmente en los coleópteros, un orden de insectos que comprende aproximadamente 400 000 especies documentadas —66 veces más que los mamíferos, superando a cualquier otro orden del reino animal—. La diversidad de estos organismos resulta fascinante, desde la *Coccinella septempunctata* (mariquita de siete puntos) hasta el *Lucanus cervus* (ciervo volante) o el *Scarabaeus viettei* (escarabajo pelotero).

Mi orientación profesional cambió inesperadamente en tercer curso de licenciatura. Mientras exploraba diferentes grupos de investigación para posibles trabajos académicos, el profesor Manuel Fresno, posteriormente mi director de tesis, mencionó en su clase de inmunología una posible colaboración en su laboratorio. Manifesté cierto interés por la materia a un compañero cercano, comentario que aparentemente fue escuchado por el docente. Al día siguiente, tras un intento fallido de contactar con una profesora de zoología especializada en coleópteros, el profesor David Vázquez (Premio Príncipe de Asturias en 1985) me informó que había sido seleccionado para una Beca de Colaboración del INAPE (Ministerio de Educación y Ciencia, 1983) para integrarme en el grupo de investigación de los pro-

Kary Banks Mullis (1944-2019), bioquímico estadounidense y premio Nobel de Química en 1993 por su invención de la reacción en cadena de la polimerasa (PCR), una técnica revolucionaria que permite amplificar pequeñas cantidades de ADN. Su descubrimiento transformó la genética, la medicina forense y la investigación biológica, siendo clave en diagnósticos médicos, estudios de ADN antiguo y, más recientemente, en la detección de virus como el SARS-COV-2 [Wikimedia Commons].

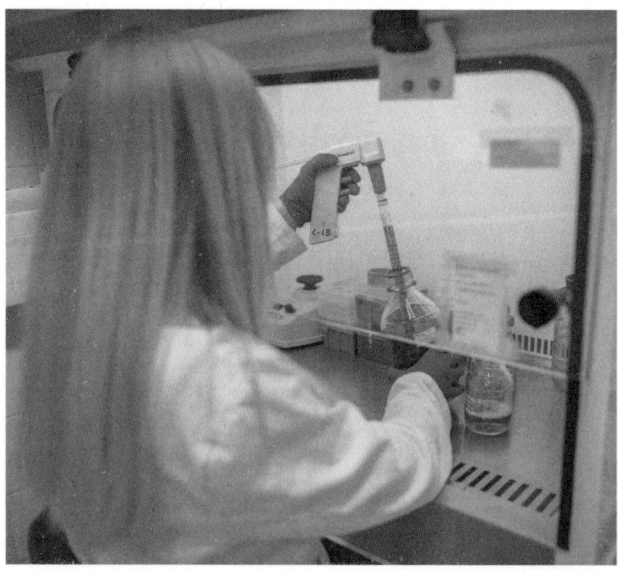

Una científica trabaja en el Laboratorio de Neurovirología de la UAM [archivo del autor].

fesores Luis Carrasco y Manuel Fresno, trabajando con virus, células inmunocompetentes y estudiando el papel del interferón. Esta circunstancia fortuita determinó mi futuro profesional en virología.

En septiembre de 1983 inicié mi trayectoria como virólogo, profesión que he desarrollado con entusiasmo hasta la actualidad. A continuación, describiré brevemente los proyectos de investigación donde he participado y en los que los virus han desempeñado un papel fundamental, tanto como objeto de estudio como herramienta metodológica.

Durante mi tesis doctoral, cuando la técnica de PCR (reacción en cadena de la polimerasa) era todavía incipiente —el primer equipo PCR llegó al Centro de Biología Molecular Severo Ochoa (CBMSO) hacia 1990, años antes de que su inventor, Kary Banks Mullis (1944-2019), recibiera el Premio Nobel en 1993—, las técnicas con ácidos nucleicos eran artesanales y utilizaban compuestos radioactivos estrictamente controlados. En aquel periodo investigamos diversos tipos celulares inmunitarios y su susceptibilidad a diferentes virus. Concluimos que, mediante mecanismos variados y no completamente dilucidados, estas células, diseñadas precisamente para protegernos contra patógenos, presentaban menor susceptibilidad a la infección por diversos virus estudiados: poliovirus, herpesvirus o virus vaccinia, entre otros. Finalmente, nos centramos en el virus de la poliomielitis y los macrófagos, proponiendo la hipótesis —pendiente de verificación completa— de que estas células inmunitarias podrían transportar el virus hasta la médula espinal como «vehículo», desencadenando el aspecto más grave de la infección: la poliomielitis, causante de parálisis.

Mi primera etapa postdoctoral se desarrolló en el Centro de Investigaciones Biológicas (actualmente CIB Margarita Salas), en el laboratorio de Carmelo Bernabeu, trabajando con un modelo murino de artritis reumatoide humana. Tras resultados infructuosos en el desarrollo de ratas transgénicas tolerantes a la inducción de artritis, construimos un virus vaccinia recombinante que expresaba la proteína potencialmente implicada en la génesis de la artritis humana, la proteína de choque térmico

Hsp65 en ratas (Hsp60 en humanos). En el modelo experimental, este virus funcionó efectivamente como vacuna contra la artritis, e incluso como tratamiento una vez inducida la enfermedad, constituyendo una aplicación biomédica prometedora de una construcción viral.

Posteriormente, en 1993, inicié mi segunda etapa postdoctoral en el Centro de Investigaciones Oncológicas de Heidelberg, Alemania (DKFZ). Allí investigábamos con células tumorales resistentes al parvovirus H-1, virus especializado en lisar células transformadas. Al incorporarme al Departamento de Virología Tumoral Aplicada dirigido por Jean Rommelaere, me asignaron el aislamiento y caracterización de cuatro clones de monocitos U937 resistentes a este pequeño parvovirus —de tamaño similar al poliovirus—. Mediante estos agentes infecciosos peculiares —con ADN monocatenario como genoma—, comprobamos que las células resistentes al virus habían revertido su fenotipo tumoral, perdiendo su capacidad de generar cáncer en animales de experimentación. Este virus H-1 representa una herramienta valiosa en investigación anticancerígena, habiendo sido utilizado experimentalmente en tratamientos compasivos para pacientes oncológicos terminales con resultados discretos pero esperanzadores. Actualmente se desarrollan diversos proyectos con parvovirus genéticamente modificados para posibles terapias antineoplásicas.

En 2003 establecí mi actual grupo de neurovirología, formalmente constituido en la Universidad Autónoma de Madrid algunos años después. A partir de investigaciones previas con el virus herpes simplex 1 (HSV-1), comenzamos a estudiar su relación con diversos trastornos neurodegenerativos. Numerosos grupos lo consideraban como factor de riesgo —o incluso desencadenante— de la enfermedad de Alzheimer. Tras publicar un artículo sobre esta temática, Raquel Bello-Morales —actualmente profesora UAM y colaboradora senior del grupo— y yo iniciamos el estudio de la posible implicación del HSV-1 en otra enfermedad neurodegenerativa desmielinizante: la esclerosis múltiple (EM), caracterizada por una respuesta autoinmune contra proteínas de la vaina de mielina, estructura protectora de los axones nerviosos.

Actualmente investigamos la entrada del HSV-1 en los oligodendrocitos —células productoras de mielina—, su replicación, maduración y posterior diseminación hacia otras células. Paralelamente, desarrollamos un proyecto doctoral —a cargo de la investigadora Inés Ripa— sobre la relación entre la infección por HSV-1 y la autofagia, mecanismo celular esencial para degradar patógenos y componentes celulares deteriorados o senescentes. Aparentemente, HSV-1 podría utilizar esta vía autofágica para sus objetivos virales: adquirir su envoltura lipídica, transportarse intracelularmente y liberarse al exterior.

Una herramienta metodológica fundamental en nuestras investigaciones permite visualizar viriones moviéndose intracelularmente. Dadas sus dimensiones, resultaría imposible observar un virión mediante microscopía convencional de laboratorio. Tradicionalmente se requería procesamiento —fijación junto a células infectadas— y visualización estática mediante microscopía electrónica. Sin embargo, mediante manipulación genética, insertando el gen de la Proteína Verde Fluorescente (GFP) junto al genoma viral, conseguimos viriones marcados fluorescentemente, permitiendo seguir su recorrido celular, obtener imágenes fluorescentes o realizar videomicroscopía para visualizar su entrada, movimiento intracelular y liberación.

La proteína verde fluorescente es producida naturalmente por la medusa *Aequorea victoria*. Esta técnica mereció el Premio Nobel de Química 2008, otorgado a dos científicos estadounidenses y uno japonés —este último descubridor original de la GFP—. Constituye actualmente una herramienta indispensable en numerosas disciplinas: biología molecular, celular, biotecnología y biomedicina. Actualmente existen variantes de GFP con sustituciones aminoacídicas que generan fluorescencia en diversos colores, habiendo incluso competiciones artísticas para imágenes biológicas fluorescentes.

Para nuestros estudios de visualización viral disponemos de varias cepas de HSV-1, dos asociadas con GFP. Utilizamos la cepa F, virus no manipulado empleado como control de infección y

Aequorea victoria, medusa bioluminiscente del Pacífico Norte y fuente original de la Proteína Verde Fluorescente (GFP). Esta hidromedusa emite luz azul mediante la proteína aequorina, que al interactuar con la GFP genera una fluorescencia verde visible. El descubrimiento de la GFP por Osamu Shimomura (Premio Nobel de Química 2008) revolucionó la biología molecular, permitiendo visualizar procesos celulares en tiempo real [Sunflower Momma/Shutterstock].

proliferación viral. También disponemos de la construcción K26GFP, un HSV-1 de la cepa KOS —funcionalmente indistinguible de la cepa F— marcada con GFP recombinante en la cápside (fusionada con la proteína VP26). Adicionalmente empleamos UL46GFP, construcción similar con proteína fluorescente fusionada a otra proteína del tegumento viral (UL46) —el tegumento comprende proteínas situadas entre la cápside y la envoltura lipídica externa, análogas a las proteínas de matriz de otros virus—.

Mediante estos virus fluorescentes estudiamos la entrada celular mediante el mecanismo denominado «*surfing*», donde el virión se desplaza sobre proyecciones celulares hasta alcanzar el citoplasma, su tránsito hacia el núcleo y posterior transporte en vesículas lipídicas hacia el exterior celular. Comprobamos que el virus infecta preferentemente oligodendrocitos maduros frente a indiferenciados, observación potencialmente relevante para la EM, considerando que durante los brotes de esta enfermedad se generan nuevos oligodendrocitos para reemplazar los deteriorados, pero que degeneran progresivamente al madurar sin explicación clara hasta la fecha. Esta herramienta visual de virus recombinantes con GFP ha facilitado varias tesis doctorales y numerosas publicaciones, profundizando en los mecanismos moleculares y celulares de la infección por HSV-1 en modelos *in vitro*, potencialmente extrapolables a procesos desmielinizantes como la EM.

Con la emergencia pandémica, a finales de marzo de 2020, como director del grupo de investigación recibí notificación universitaria indicando la paralización de todos los proyectos científicos y académicos, exceptuando aquellos directamente relacionados con SARS-COV-2. En abril de 2020 iniciamos nuevas líneas de investigación —actualmente nucleares en nuestro grupo— sobre viricidas (desinfectantes) y antivirales (tratamientos postinfección). Esta investigación ha generado numerosas publicaciones en revistas internacionales de primer cuartil, patentes con participación de nuestro laboratorio y la tesis doctoral de Sabina Andreu.

Respecto a viricidas, que inactivan virus antes de su contacto con células diana, colaboramos con Ángeles Juarranz (UAM) investigando un compuesto derivado de plantas del género *Hypericum* que, activado por luz, inactivaba el coronavirus catarral HCOV-229E. También estudiamos el cloruro de dióxido, compuesto estable sin residuos —a diferencia del hipoclorito sódico— con actividad significativa contra coronavirus.

El cloruro de dióxido, comúnmente denominado dióxido de cloro, ha generado controversia por usos pseudocientíficos como su ingesta, práctica altamente imprudente. Nuestra evaluación se centró exclusivamente en su aplicación como desinfectante superficial mediante nebulización. Pese a nuestra adherencia al método científico, documentada en nuestra publicación en la revista *Viruses*, nuestro grupo recibió críticas injustificadas.

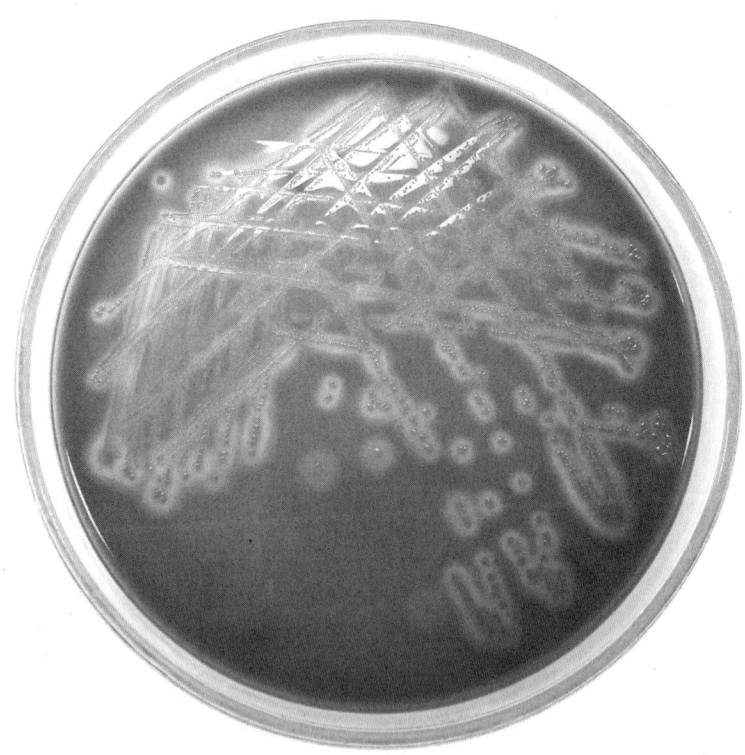

Cultivo de *Leuconostoc mesenteroides*, bacteria láctica grampositiva utilizada en fermentaciones alimentarias (como la producción de chucrut, kimchi y embutidos). Este microorganismo sintetiza dextranos y compuestos aromáticos clave en la industria alimentaria. Su capacidad para crecer en condiciones de alta salinidad y bajas temperaturas lo hace esencial en biotecnología y conservación de alimentos [Yayah Ai/Shutterstock].

Nuestras investigaciones actuales más prometedoras sobre antivirales muestran resultados esperanzadores con polímeros naturales análogos al heparán sulfato —polisacárido presente en numerosas superficies celulares— obtenidos de la bacteria *Leuconostoc mesenteroides*; derivados del ácido valproico, fármaco utilizado en trastornos convulsivos; y otros compuestos inhibidores de enzimas virales. Estos compuestos podrían constituir potenciales tratamientos contra coronavirus y otros patógenos respiratorios. Tras demostrar su eficacia en modelos animales, iniciamos el proceso de búsqueda de financiación para ensayos clínicos.

Para estas investigaciones con coronavirus, empleamos herramientas virales similares a las descritas con herpesvirus. Utilizamos coronavirus con GFP, específicamente el coronavirus catarral 229E-GFP. También empleamos pseudovirus —partículas virales defectivas para replicación pero capaces de unirse a receptores e internalización celular— que expresan proteínas específicas. Concretamente, utilizamos partículas lentivirales que expresan la proteína S del coronavirus —la misma empleada en vacunas de ARN contra SARS-COV-2—. Esta proteína S facilita la entrada celular del coronavirus, permitiéndonos evaluar antivirales que inhiban este proceso mediante un vector lentiviral que expresa dicha proteína, opción más segura que utilizar coronavirus nativo y que no requiere instalaciones de máxima bioseguridad. Estas investigaciones precisan células que expresen el receptor del SARS-COV-2, la enzima convertidora de angiotensina 2 (ACE-2) humana, o modelos murinos transgénicos humanizados que expresen este receptor.

Como resumen de todo lo expuesto hasta ahora, esta revisión sintetiza la utilización de virus como herramientas para el avance científico y médico: virus beneficiosos naturalmente o modificados por virólogos y biólogos moleculares, potenciando su capacidad como vectores genéticos y mitigando su virulencia. Es fundamental recordar que, aunque tendemos a enfocarnos en especies virales patogénicas, la inmensa mayoría de los constituyentes de la virosfera aparentemente no interactúan con nuestra especie o incluso contribuyen a nuestra supervivencia evolutiva.

Epílogo

Reparación histórica para los descendientes de Henrietta Lacks

Para concluir, una nota positiva que representa una justa reparación histórica. En el capítulo donde presentamos a Henrietta Lacks y el origen de las células HeLa, mencionamos la injusticia cometida con sus descendientes, quienes permanecieron en situación económica modesta mientras sus células se utilizaban en laboratorios de todo el mundo generando importantes beneficios económicos. En 2023, la familia de Henrietta Lacks llegó finalmente a un acuerdo con el principal laboratorio que se benefició del cultivo de sus células sin consentimiento; cultivos que desde 1951 han contribuido a innumerables avances médicos.

Este acuerdo, aunque tardío, representa un acontecimiento significativo. La negociación se completó con Thermo Fisher, compañía que figura entre las principales beneficiarias de la comercialización de estas células, proceso que se realizó sin consultar a la paciente durante su vida —falleció a los 31 años— ni a sus familiares posteriormente. Pese a su juventud, cuando comenzó a manifestar sangrado vaginal, posteriormente atribuido a un carcinoma cervical provocado por infección con el virus del papiloma humano tipo 18, Henrietta ya había tenido cinco hijos.

En el Hospital Johns Hopkins de Baltimore, uno de los escasos centros sanitarios que asistían a personas de bajo nivel socioeconómico, obtuvieron muestras de su tejido tumoral para análisis. Henrietta falleció pocos meses después, pero aquellas muestras se expandieron y constituyeron la base biológica para investigaciones en numerosos centros científicos. Se caracterizaban por dividirse cada 24 horas y por su capacidad de transferencia entre cultivos, propiedades que las hacían excepcionalmente valiosas. El valor científico de estas células es incuestionable; han contribuido a salvar millones de vidas mediante el desarrollo de vacunas como la antipoliomielítica, estudios del proyecto genoma humano e investigaciones oncológicas. Sin embargo, este proceso se realizó sin consentimiento ni conocimiento de los familiares, también en situación económica precaria.

Actualmente, estas células continúan utilizándose prácticamente en cualquier laboratorio de investigación celular mundial y en instituciones universitarias donde se realizan prácticas con cultivos celulares. En nuestro propio laboratorio, la línea HeLa constituye uno de los cultivos más frecuentemente empleados, tanto en los proyectos sobre herpesvirus como en los relacionados con antivirales.

Aunque desconozco la compensación económica finalmente acordada, esta reparación de una injusticia histórica representa un avance significativo. Para profundizar en esta historia, simultáneamente trágica e importante para la ciencia, recomiendo dos obras: el libro *La vida inmortal de Henrietta Lacks* de Rebecca Skloot, y la película *The immortal life of Henrietta Lacks*, galardonada con diversos premios.

Henrietta Lacks (1920-1951).

Glosario de términos científicos

Este glosario incluye términos, siglas y acrónimos relevantes que aparecen a lo largo del texto. Se han seleccionado aquellos conceptos que, aunque contextualizados previamente, pueden facilitar la lectura y comprensión del contenido.

ADN: Ácido desoxirribonucleico. Molécula constituyente de la herencia genética que almacena la información necesaria para la síntesis de proteínas.

Apoptosis: Tipo de muerte celular programada o «suicidio celular», diferente de la necrosis en que la célula no libera su contenido citoplasmático al exterior. Proceso que puede ser fisiológico durante el desarrollo embrionario o activarse tras determinadas agresiones, como infecciones virales. Desempeña un papel fundamental en los organismos al prevenir la diseminación de patógenos o la transformación maligna celular.

Arbovirus: *Arthropod-Borne Viruses* (virus transmitidos por artrópodos). Virus que infectan vertebrados mediante vectores artrópodos como mosquitos o garrapatas.

ARN: Ácido ribonucleico. Moléculas implicadas en el proceso mediante el cual la información contenida en el ADN es transportada (ARN transferente), procesada en los ribosomas (ARN ribosómico) y traducida (ARN mensajero) a proteínas.

Bacteriófago: Virus que infecta específicamente bacterias. También denominado «fago».

Biodiversidad: Del latín *bio* (vida) y *diversitas* (variedad), término que designa la variedad de organismos que habitan nuestro planeta. También se utiliza, con connotación negativa, para referirse a la extinción masiva o pérdida progresiva de especies.

Biología molecular: Disciplina que estudia el ADN o ARN de los organismos, su manipulación y caracterización.

Cambio climático: Modificaciones del sistema climático respecto a registros históricos y estadísticos, a escala regional o global.

CBMSO: Centro de Biología Molecular Severo Ochoa de Madrid.

CDC: *Centers for Disease Control and Prevention* (Centros para el Control y la Prevención de Enfermedades de Estados Unidos).

Célula madre: Célula con capacidad de diferenciación hacia diversos tipos celulares. Se caracteriza por tres propiedades fundamentales: autorrenovación, diferenciación y capacidad de colonización tisular. Pueden clasificarse como totipotentes, pluripotentes o multipotentes según su potencial de diferenciación hacia tejidos de diferentes orígenes embrionarios.

Clado: En virología, agrupación de virus con ancestro común. Análogo a una rama evolutiva o linaje.

CNB: Centro Nacional de Biotecnología de Madrid.

Codón: Secuencia de tres nucleótidos (tripletes) en ADN o ARN que codifica un aminoácido específico o señala la terminación del proceso de traducción proteica.

Conjugación bacteriana: Transferencia horizontal de información genética desde una bacteria donadora a otra receptora mediante elementos genéticos móviles como plásmidos. Requiere contacto celular directo y constituye uno de los principales mecanismos de adquisición de resistencia antimicrobiana.

CRISPR: *Clustered Regularly Interspaced Short Palindromic Repeats* (Repeticiones Palindrómicas Cortas Agrupadas y Regularmente Interespaciadas). Acrónimo acuñado por Francisco Juan Martínez Mojica (1963) para denominar secuencias específicas de bacteriófagos halladas en genomas bacterianos, componentes de un sistema inmunitario procariota. La tecnología desarrollada a partir de este descubrimiento permite manipulación genética precisa, rápida y eficiente.

CSIC: Consejo Superior de Investigaciones Científicas.

Cuasiespecie: En virología, concepto que describe un conjunto heterogéneo de genomas virales con múltiples mutaciones respecto a una secuencia consenso. Representa variaciones poblacionales de una especie viral generadas por mutaciones durante la replicación, produciendo miembros no idénticos pero relacionados.

EM: Esclerosis múltiple. Enfermedad autoinmune neurodegenerativa desmielinizante.

Epigenoma/Epigenética: Conjunto de información que, complementaria al genoma, regula la expresión diferencial génica en distintos tipos celulares. Determina qué genes se expresan, cuándo y dónde, modulando el fenotipo sin alterar la secuencia de ADN. Representa la interacción entre factores genéticos y ambientales.

Escherichia coli: Enterobacteria intestinal ampliamente utilizada como modelo de estudio en microbiología y biología molecular.

Eucariota: Organismo cuyo material genético está confinado en un núcleo delimitado por membrana lipídica. Incluye desde protozoos, algas y hongos hasta organismos pluricelulares como plantas y animales.

Evolución: Proceso continuo de transformación de las especies mediante selección natural, como fue descrito en *El origen de las especies* de Charles Darwin.

Fenotipo: Manifestación observable del genotipo en determinado ambiente; conjunto de características expresadas a partir de la información genética.

Genómica: Disciplina que estudia el conjunto completo de la información genética de los organismos y establece comparaciones entre ellos.

Genotipo: Conjunto de genes de un organismo según su composición alélica. Por ejemplo, para el gen que determina el color de los guisantes, los alelos serían «verde» o «amarillo», expresándose según patrones de dominancia.

GFP: Proteína Verde Fluorescente, sintetizada naturalmente por la medusa *Aequorea victoria*, que emite fluorescencia en la región verde del espectro visible.

Girus (*Giantvirus*): Virus gigantes de ADN bicatenario que replican en el citoplasma de células hospedadoras. Su tamaño permite visualizarlos mediante microscopía óptica. Pueden ser infectados por virus más pequeños (virófagos) y poseen mecanismos de defensa similares a CRISPR.

HBV: Virus de la hepatitis B. Virus ADN de la familia *Hepadnaviridae* con tropismo hepático. Tras la infección inicial, puede establecerse crónicamente y causar lesiones tisulares que progresan hacia cirrosis o, raramente, carcinoma hepatocelular.

HCV: Virus de la hepatitis C. Virus ARN de la familia *Flaviviridae* con tropismo hepático. La infección, frecuentemente asintomática, suele cronificarse, pudiendo ocasionar lesiones que evolucionan hacia cirrosis o carcinoma hepatocelular (con mayor frecuencia que HBV).

HPV: *Human Papillomavirus* (Virus del papiloma humano). Virus ADN de la familia *Papillomaviridae* con múltiples genotipos, varios directamente implicados en oncogénesis. Existen vacunas eficaces contra los serotipos oncogénicos.

HSV: Virus Herpes Simplex. Técnicamente clasificado como HHV (*Human Herpesvirus*), incluye HSV-1 (HHV-1), HSV-2 (HHV-2, genital), virus varicela-zóster (HHV-3), virus Epstein-Barr (HHV-4), citomegalovirus (HHV-5) y herpesvirus asociado al sarcoma de Kaposi (HHV-8).

Interleuquina: Citoquinas (proteínas de bajo peso molecular) que actúan como mediadores en la comunicación celular inmunológica.

Linfocito: Células efectoras de respuestas inmunitarias adaptativas, tanto humoral (linfocitos B) como celular (linfocitos T).

Metabolismo: Conjunto de procesos físicos y químicos que generan y utilizan energía en organismos vivos, incluyendo digestión, excreción, respiración, circulación y termorregulación.

Metagenómica: Análisis del material genético obtenido directamente de muestras ambientales para caracterizar todos los microorganismos presentes mediante secuenciación masiva.

Microbioma: Conjunto de secuencias genéticas de los microorganismos que constituyen la microbiota.

Microbiota: Comunidad de microorganismos comensales o simbióticos que habitan en o sobre organismos multicelulares. La microbiota intestinal, especialmente relevante, puede constituir hasta 2 kg de masa y modula funciones inmunitarias, endocrinas y neurológicas.

Nanoorganismo: Término acuñado para referirse a virus, distinguiéndolos de microorganismos celulares. Mientras los microorganismos son visibles mediante microscopía óptica, los virus requieren microscopía electrónica debido a sus dimensiones nanométricas (generalmente entre 20-300 nm).

Nucleótido: Compuesto orgánico formado por una base nitrogenada, un azúcar (ribosa o desoxirribosa) y un grupo fosfato.

Según el azúcar, se clasifica como ribonucleótido (componente del ARN) o desoxirribonucleótido (componente del ADN).

OMG: Organismo Modificado Genéticamente. Aunque frecuentemente considerado sinónimo de transgénico, no todas las modificaciones genéticas implican transgénesis. La edición genética CRISPR puede generar OMG sin incorporar genes exógenos.

OMS: Organización Mundial de la Salud.

Oncogén: Gen implicado en oncogénesis derivado de la mutación o activación anómala de un gen normal (protooncogén). En condiciones no patológicas, muchos protooncogenes regulan funciones fisiológicas como la división celular.

Pandemia: Epidemia que trasciende su foco geográfico inicial y se extiende por amplias regiones o globalmente.

PCR: *Polymerase Chain Reaction* (Reacción en Cadena de la Polimerasa). Técnica que amplifica fragmentos específicos de ADN utilizando cebadores (primers) que delimitan la región de interés, generando millones de copias. Durante la pandemia de COVID-19 se empleó para identificar variantes virales específicas.

Plásmido: Molécula extracromosómica de ADN circular presente en bacterias y algunos microorganismos. Generalmente porta pocos genes, aunque algunos codifican factores de virulencia o resistencia antimicrobiana. Pueden transferirse horizontalmente entre bacterias y se utilizan ampliamente como vectores en biología molecular.

Prión: Proteína con plegamiento anómalo rico en láminas beta, capaz de inducir enfermedades neurodegenerativas denominadas encefalopatías espongiformes. Puede transmitirse sin intervención de material genético. Su descubrimiento valió el Premio Nobel de 1997 a Stanley B. Prusiner (1942).

Procariota: Organismo cuyo material genético no está confinado en un núcleo membranoso. Incluye bacterias y arqueas.

R_0: Número Reproductivo Básico. Indica el promedio de casos secundarios generados por un individuo infectado en una población completamente susceptible. Varía según patógenos: influenza (2-3), SARS-COV-2 (variante Ómicron, aproximadamente 10), sarampión (12-18).

Ribozima: ARN con actividad catalítica. El término combina ácido ribonucleico y enzima. Frecuentemente cataliza reacciones sobre otras moléculas de ARN.

SNC: Sistema Nervioso Central.

Terapia génica: Estrategia terapéutica para tratar afecciones genéticas mediante inserción de genes funcionales. Puede emplear vectores virales para expresión transitoria o integración genómica permanente.

Traducción: Proceso molecular que convierte la información contenida en ARN mensajero en proteínas específicas. Ocurre en los ribosomas del citoplasma celular.

Transcripción: Proceso molecular mediante el cual la información genética contenida en ADN (o ARN en ciertos virus) se transfiere a moléculas de ARN (o ARN complementario en virus) que transportarán dicha información al citoplasma para la síntesis proteica.

Transgén: Gen de un organismo insertado en el genoma de otro, confiriendo una característica heredable.

Transgénico: Organismo portador de genes exógenos integrados en su genoma. Esta tecnología permite añadir, modificar o eliminar características específicas en seres vivos.

UAM: Universidad Autónoma de Madrid.

UCM: Universidad Complutense de Madrid.

VIH: Virus de la Inmunodeficiencia Humana. Agente etiológico del Síndrome de Inmunodeficiencia Adquirida (SIDA).

Virión: Partícula viral física y completa. En este contexto, términos virus y virión pueden considerarse equivalentes.

Viroide: Agente infeccioso subviral compuesto exclusivamente por una pequeña molécula circular de ARN sin envoltura proteica ni lipídica. Infecta principalmente células vegetales sin codificar proteínas propias.

Virosfera: Concepto que engloba el universo viral y, potencialmente, otros agentes infecciosos como viroides o priones. Análogo a biosfera pero referido específicamente a entidades virales.

Virus: Sistema biológico elemental que posee algunas propiedades de organismos vivos (genoma y capacidad adaptativa) pero carece de metabolismo autónomo. Según el International Committee on Taxonomy of Viruses (ICTV), un virus no constituye un organismo vivo, sino que utiliza la maquinaria funcional celular. En términos prácticos, entidad nanoscópica, parásito intracelular obligado, que fuera de la célula carece de capacidad replicativa autónoma, pero dentro del hospedador evoluciona, se replica y disemina, secuestrando la maquinaria metabólica celular y potencialmente causando efectos patológicos.

WNV: *West Nile Virus* (Virus del Nilo Occidental). Virus ARN de la familia *Flaviviridae*. Arbovirus transmitido principalmente por mosquitos.

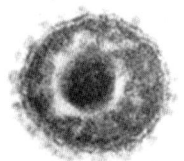

Este libro se terminó de imprimir el 5 de junio de 2025, en el 44.º aniversario de un informe médico que cambiaría el mundo: el primer texto sobre el sida publicado en el boletín MMWR de los CDC. Aquel día de 1981, el doctor Michael S. Gottlieb documentó el caso de un joven homosexual con el sistema inmunitario destruido por un mal entonces sin nombre. Cuatro décadas después, lo que comenzó como una misteriosa nota clínica sobre cinco pacientes se revelaría como el primer capítulo de una pandemia global. Gottlieb, fallecido en 2021, dedicó su vida a combatir la enfermedad que ayudó a descubrir, desde aquellos primeros tratamientos con AZT hasta los actuales cócteles antirretrovirales que han convertido el sida en una patología crónica. Grandes avances científicos pueden comenzar con la observación atenta de lo inexplicable.